自然野趣
Funny Nature

陆穗军　郭乐东　编著

野外观鸟

——观鸟基础入门

SPM 南方传媒
广东科技出版社
全国优秀出版社
·广州·

图书在版编目（CIP）数据

野外观鸟：观鸟基础入门/陆穗军，郭乐东编著.—广州：广东科技出版社，2022.5
ISBN 978-7-5359-7822-6

Ⅰ. ①野… Ⅱ. ①陆…②郭… Ⅲ. ①鸟类—普及读物 Ⅳ. ①Q959.7-49

中国版本图书馆 CIP 数据核字（2022）第036870号

野外观鸟——观鸟基础入门

YEWAI GUANNIAO—— GUANNIAO JICHU RUMEN

出 版 人：严奉强
责任编辑：区燕宜　于　焦
封面设计：柳国雄
责任校对：高锡全
责任印制：彭海波
出版发行：广东科技出版社
（广州市环市东路水荫路11号　邮政编码：510075）
销售热线：020-37607413
http: //www.gdstp.com.cn
E-mail：gdkjbw@nfcb.com.cn
经　　销：广东新华发行集团股份有限公司
印　　刷：广州市彩源印刷有限公司
（广州市黄埔区百合三路8号201房　邮政编码：510700）
规　　格：890mm×1 240mm　1/32　印张5　字数120千
版　　次：2022年5月第1版
2022年5月第1次印刷
定　　价：39.80元

《野外观鸟——观鸟基础入门》

编委会

序1

观鸟是什么？是悦心娱目的休闲文化？是春风化雨的自然教育？还是记录自然规律的公民科学活动？

无论是出于哪种目的的观鸟，人们都希望能在这个活动中收获更多的乐趣和体验。《野外观鸟——观鸟基础入门》就是一部介绍观鸟是什么、如何进行观鸟活动、怎样提升观鸟技能的科普书籍。书中的内容包括观鸟设备和工具书的信息，如何严谨地做好鸟种记录的指引，如何有效地寻找和辨识鸟类的经验，以及鸟类学基础常识。如果你是刚刚踏入观鸟之门的初学者，这些都是必须掌握的知识。相关知识均以轻松而精炼的形式呈现，书中还配有精美的插图和思考题，是一本辅助青少年开展课外活动的优秀读本。

书中开始的章节，介绍了观鸟在中国的发展历程。读到这一章节，一串串熟悉的名字和一张张珍贵的照片让我不禁感慨：中国观鸟活动走过了“从0到1”的精彩历程。1996年是公认的中国民间观鸟元年。在这一年里，北京环保组织“自然之友”和“绿家园”相继成立了观鸟协会，定期组织观鸟活动。随后，在一些环保组织和网站的推动下，其他的一些大城市也纷纷成立了观鸟组织，比如上海、广州、深圳和成都等。一时间，观鸟活动的点点星火开始在神州大地上闪烁。鸟友们以“自然名”在网络论坛上切磋“鸟功”，以“观鸟大赛”为平台在鸟点相会——这已经成为那个时代的活动特色和优良传统，并延续至今。

广东是中国观鸟的要地，也在中国观鸟发展史上刻下了自己的印记。鸟类学学者高育仁、廖晓东等前辈不遗余力地在广州、深圳两地推广观鸟活动。他们利用广东的地缘优势，与香港观鸟者进行深入的交流和合作，学习、推广观鸟的经验。特别是廖晓东先生，他与知名鸟友赵烟侠一起推动了“中国观鸟记录中心”网站的建立，利用互联网的优势，快捷地收集和整理观鸟记录。这个网站一直沿用至今，已经成为中国公民科学活动的典范之一。我认为，广东民间观鸟最成功之处莫过于从一开始就扎根于基础教育系统（中小学等），以培训中学生物教师的方式让观鸟走进校园，通过中小学的观鸟比赛和观鸟培训进行推广。这些方式也影响了一大批教育从业者、学生和他们的家长。

2012年，我到中山大学生命科学学院工作。在我教过的大学生中，有许多提到了中学乃至小学时期的观鸟活动经历。我曾应邀作为评委参加了数次广州市的中小学生观鸟比赛、鸟类知识大赛。中小学生、教师和家长都表现出极高的参与热情，给我留下了非常深刻的印象。除了在中小学进行推广，广州还有名为“飞羽”的大学生观鸟组织，它将星星之火燃至高校。一些从中小学起就参加观鸟活动的同学，在大学里找到了自己的组织，并向更多的同学和市民推广观鸟活动。他们中的一些“铁粉”攻读了鸟类学的研究生，或成了鸟类保护和自然教育的从业者。

本书的作者之一——陆穗军老师是广州观鸟活动的著名先行者。2007年，他与广州市第一一三中学的其他几位老师成立了“113号鸟舍”，不仅在学校中发展了大批学生观鸟者，还编著了观鸟校本教材，影响了更多的学校、老师和学生，为自然观察的推广贡献了力量。本书正是陆穗军老师和他的伙伴们多年开展自然教育的成果总结。他们以丰富的自然教育经验、对观鸟活动的执着和热情、清晰的思路和严谨的态度，全方位地向读者们展现了观鸟活动的魅力，对初学者具有很强的启发作用。我由衷地感谢作者们对于本书所做的努力，也希望本书能为更多的读者带来愉快的阅读经历和良好的实践体验，并期待观鸟能为他们带来更多的收获。

鸟类形态优美，行为多样，让一代又一代的观鸟者和科学家们为之着迷。无论是从审美、科学上，还是从文化上，观鸟活动都承载了丰富的内涵。我们都很幸运，成为与鸟类和谐相伴的那一群人。

中山大学生态学院教授、博士生导师
中国动物学会鸟类学分会常务理事、副秘书长　刘阳
2022年4月

序2

陆穗军老师是一个让人很“头疼”的人，因为他太能折腾了。

也许是他自小家里日子过得太好，父母都是大学老师，搞体育教育的，对他“放任自流”，导致他从小身体倍儿棒，精力旺盛，然后没事就爱东琢磨西琢磨，这也要尝一尝，那也要试一试，所以跟他做朋友，有种被拽着跑的感觉。因此，我决定不做他的朋友，做他的“师傅”。

我2007年博士毕业后在广州待了大约半年，本来是要落户广州的，没想到工作没敲定，倒是借着这个机会，应廖晓东教授的邀请，利用周末的时间，给广州一批刚刚开始学观鸟的中学老师们助一臂之力，没想到就此将他们拉进了“鸟坑”。然后就拂一拂衣袖离开，因为我知道，有些事，火种埋下了，就必然会燎原的，尤其是有像陆老师这种有飞蛾扑火精神的人在。

很快，陆老师就不满足于和广州市第一一三中学（简称113中学）的几位老师带着本校的孩子利用课余时间观鸟了，而是开始琢磨要在学校成立观鸟社的事情。他打电话问我有什么建议，我说：老陆啊，你问我做什么呢？你是老师，是教育工作者，是育人，不是教人观鸟，也不是只带几个学生搞搞兴趣爱好。你要搞观鸟社，从加入资格到活动开展，凡事先想清楚目的是什么就好，想清楚了吗？

然后，也就半年吧，陆老师和学校的几位老师，教语文的、地理的、生物的，等等，带着呼啦啦大几十号孩子，打着“113号鸟舍”的旗帜，来厦门把我当鸟看。当年我和孩子们分享了什么，如今全然记不起来了，但是那些孩子中有很多到现在都还在我的朋友圈里。

陆老师和学校的老师们创造的“鸟舍”模式慢慢扩展到全广州乃至珠江三角洲地区，为如今珠江三角洲地区成为全国中小学观鸟最具人气的地区打下了良好的基础。这期间，如何把观鸟作为素质教育和校本课

程纳入当地的体制内教育工作，他们没少琢磨，也陆续取得了诸多优秀的教学成果。所谓得道者多助，有了来自教育局、科技局等各方力量的支持，观鸟及以各种自然观察为基础的自然教育工作，在广州地区中小学间的开展可谓事半功倍，迅速引领国内自然教育发展。

陆老师和他的伙伴们也不是做啥事都能成功的，碰壁的时候也不少，原因其实也不难找：他有点急于求成，恨不得把观鸟的好处塞给每一个人；他也有点理想主义，想不明白为什么那么好的事情却并非人人都喜欢；他也有点爱钻牛角尖，以为没什么问题是市场及契约精神解决不了的。他的失败，往往透着一股可爱的倔强，但也着实让很多人恼火。直到有一天，他突然想明白了，然后低头说：哎呀，我错了……

功不唐捐，在推广观鸟活动这件事情上，陆老师和他的伙伴们所做过的努力和取得的成效有目共睹。此书的出版即为一例。此书不仅仅是源自陆老师及他的伙伴们多年来的教学经验，也包含了对观鸟活动推广过程中的诸多反思。这本书既可以直接拿来用作教材，也可以当作观鸟的自学指南。其内容设计由简到繁，呈进阶状态，既有史料性、趣味性和科学性，也不乏各种理念的引导。在党和政府强调绿水青山就是金山银山的今天，更显内涵之丰富。

观鸟难吗？不难，否则我也不能通过几次活动就带出了陆老师这样的“徒弟”，以至于后来收获了一大批徒子徒孙，成为“祖师爷”。观鸟不难吗？难，每次陆老师认错鸟的时候，我都不想承认他的观鸟是我教的，这个时候，我总觉得还是和他做朋友比较好。由此也可以看出，在勇于面对失败这件事情上，我大约是不如陆老师的。

我很高兴能为陆老师的书写序，但他已经好久没请我吃粤菜了。

小鹰

2021年9月30日

前言

2009年，113中学“113号鸟舍”的创始人吴碧云、李颖宜、陆穗军、毕映红、赵广胜5位老师，因为在校内推广观鸟活动的需要，在时任校长李其雄、副校长黄雯的支持下，编写了校本教材《菜鸟入门》。该教材对自然观察在广州中小学的推广发挥了重要作用，后来进行了一些修改补充。不过，该教材在通用性和课程化上还存在一些不足。

2018年2月，我和KK（郭世军）在中国科学院华南植物园讨论自然教育今后的发展方向的时候，提出了一些问题：“今后自然教育发展是课程重要还是基地建设重要？是人才培养重要还是政策导向重要？”作为有20多年教龄的中学生物教师，我认为课程很重要，无论是在学校推广自然教育、自然教育基地的建设，还是人才培养，适合的教材、课程当然都是最重要的。KK虽有不同意见，但还是决定支持我做一套适应市场需要的观鸟基础教程。

2018年2—4月，我带着3个从小在“113号鸟舍”成长起来的大学生钟凯雯、邵铭悦、杨雅妍，根据我十多年的观鸟推广经验，重新规划课程内容。我们将所有内容模块化，并按难易程度编排顺序。三个月时间，我们只做了每节课的教学设计和课件。现在看来虽然只是个半成品，却为后来的成熟课程打下了重要基础。

相信在所有课程的开发过程中，人们都遇到过一个很难解决的问题——课程内容的边界在哪里？观鸟课程涉及很多鸟类学的内容，我国有1 400多种鸟类，全世界有超过1万种鸟类，是不是都要学？如果要适应当今自然观察活动的推广方向，还需要涉及生态摄影、鸟类调查方法等内容。我突然意识到，一个课程不可能解决所有问题。如基础教育的语文需要定一个课程标准，课程标准将所有相关的内容按照一定的逻辑关系进行编排，最后定出哪些内容是一年级的，哪些是七年级的。观鸟活动乃至所有自然观察活动如果要开发课程，课程标准的制订很重要。

2018年4月，我在陈建华（一级登山运动员）、KK的启发下，参照潜水的考核制度，尝试建立观鸟活动的分级评价体系（BWT评价体系），设置户外实践的课时、使用装备的熟练程度、认识鸟种的数量、掌握鸟类知识的程度及自然观察指导工作的时长等多个维度的考核，根据考核成绩将参与自然观察活动的人分为A、B、C、D、E、F六个等级。人们可以根据评价体系的要求，通过不断学习，不断通过考核提高级别，就像玩游戏过程中不断获得装备，从而提高自身技能、获得升级的逻辑。

2019年3—8月，在广州博冠光电科技股份有限公司的支持和张容、张振磊、池鸿健、朱茜等人的帮助下，我在2018年的基础上重新启动“观鸟基础课程”项目。这次，我们决定参照基础教育的课本做一本通用的教材，除了教学内容，还尝试设计每节课要完成的课堂作业和课后作业，并设计一本学生户外实践要完成的观鸟记录本。

基本文本完成后，由于没有找到适合的插图创作人员及专业排版人员，内容设置上也有一些不尽如人意的地方，项目进展缓慢。

2019年9月，在广州海珠国家湿地公园的支持下，我参与创办的“雁来栖自然教育导师培训”项目启动，至今已经举办过三期。两年多来，“BWT评价体系”与“观鸟基础课程”中的大部分内容都得到了有效的尝试。

2020年2—3月，学校进行线上课堂教育，我利用在家的时间，对图书内容进行第二次修订。其间将前两章的文本给我的观鸟师父之一——厦门的山鹰（朱敬恩博士）审阅，他建议增加康奈尔大学在鸟类学研究上的贡献等内容，使我更加关注鸟类学研究对于民间观鸟活动的引领作用。

2020年4月，我与鸟友秦颖联系，告诉他我在编写一本观鸟教材。随后我把教材初稿发给他。

2020年5月，在秦颖的协调下，同样是自然观察爱好者的广东科技出版社罗孝政副总编辑、广东教育出版社邹靖华看了教材初稿。

2020年9月，为了给行业培养一批具有自然观察能力的志愿者，广东省林业科学研究院启动了“林希自然教育导师培训”项目，该院一直致力于推动广东林业科普的发展，我有幸被邀请参与项目的规划及担任任课老师。本教材中的内容在项目中得到了良好的检验，项目发起人郭乐东、谢继红认为，该教材可以作为自然观察行业的教科书，并积极推动本书的出版。在他们提出修改意见后，本书的可操作性和逻辑性更加完善。

2020年12月，经过近半年的等待，终于接到罗总编的消息，我的教材初稿已经被列入广东科技出版社2021年度出版计划。

2020年寒假期间，我开始了第三次修改，得到了众多观鸟、拍鸟爱好者的帮助，其中赵广胜、秦颖、梁家睿（113中学学生）、梁仲、胡畔（广东实验中学附属天河学校学生）、朱江、毕映红、宋文彬、危骞、江涛、周哲等提供了大量的鸟类照片，廖晓东教授提供了书中鸟的声音文件及大量非常有价值的照片。朱茜、方玉、李红丹等提供了超过60幅精美有趣的插画。廖教授还建议在中国观鸟发展的历史描述上，突出广州中小学推广的观鸟经验和互联网在吸引年轻人参与观鸟活动方面的作用。

图书付梓之际，特别感谢以下人士对本书的大力支持：广东省林业科学研究院谢继红，广州海珠国家湿地公园蔡莹、刘正伟、范成祥、冯宝莹、刘雪莹，广州博冠光电科技股份有限公司张容、张振磊，广州与自然同行环境科技股份有限公司郭世军、杜辉，广州市113中学“113号鸟舍”全体师生。本书的出版还得到广东省林业科学研究院、广东树木公园的大力支持，在此一并感谢。

本书看起来内容并不复杂，但如果没有大家的帮助，绝不可能出版。

国内自然观察活动自1996年来得以快速发展，这是一批有志于自然教育的从业人员团结努力的结果。这本书的出版不是终点，而是一个新的起点，我们将携手努力，让更多的人了解自然。

推广自然观察是一项值得用一辈子去做的事情，谨以此书向廖晓东老师致敬。

陆穗军

2021年9月1日

本书特色

近年来，越来越多的人参与到观鸟的学习、活动当中，快速高效地提升爱好者们的观鸟水平成为自然观察活动广泛开展的必要条件。笔者参照基础教育中语文、数学、英语、生物等学科的教学模式，首先将与观鸟活动相关的理论要素与户外实践要素相结合，根据内容难易程度分为A、B、C、D、E、F 六个等级，并形成一套可操作的评价体系。体系命名为BWT（bird watching technology）观鸟水平评价体系，相当于学科的教学大纲。

本书是根据BWT体系中的E、F两级内容编写的观鸟入门级教材。该体系的建立，为自然观察活动的发展提供了人才培养标准化、模块化的可能性。以下附表为BWT体系的具体内容。

野外鸟类识别及活动组织资质考核认定标准（BWT）2018年版

A级认定标准内容（绿孔雀级）

鸟种识别	活动时间/小时	志愿工作时间/小时	组织工作时间/小时	技能要求
掌握1 800种	700～1 000	240～300	300～600	1. 有系统地收集相关资料的能力 2. 掌握一定的生态学原理 3. 掌握鸟类学史、观鸟史的详细内容

注：1. 根据成绩细分为A1、A2、A3、A4四个等级。
2. 必须获得B1级别资质才能申请进行A级资质的考核。

B级认定标准内容（勺嘴鹬级）

鸟种识别	活动时间/小时	志愿工作时间/小时	组织工作时间/小时	技能要求
掌握1 000种	450～600	125～200	150～300	1．熟练掌握生态摄影技术 2．策划并实施大型自然观察活动 3．独立完成鸟类本底调查任务 4．熟练掌握演讲、上课（理论课讲解）的技巧

注：1．根据成绩细分为B1、B2、B3、B4四个等级。
　　2．必须获得C1级别资质才能申请进行B级资质的考核。

C级认定标准内容（黑脸琵鹭级）

鸟种识别	活动时间/小时	志愿工作时间/小时	组织工作时间/小时	技能要求
掌握500种	120～240	60～100	20～100	1．掌握自然观察课程开发的能力 2．掌握观鸟比赛的策划与实施能力 3．初步掌握生态调查员的基本能力 4．通过户外安全课程培训

注：1．根据成绩细分为C1、C2、C3、C4、C5五个等级。
　　2．必须获得D1级别资质才能申请进行C级资质的考核，根据考核结果确定等级。年龄要求满18岁。

D级认定标准内容（黄胸鹀级）

鸟种识别	活动时间/小时	志愿工作时间/小时	组织工作时间/小时	技能要求
掌握300种	60～100	20～40	4～16	1．了解当地及周边地区的观鸟点及鸟种情况 2．具有组织策划小型观鸟活动的能力 3．熟练掌握各种观鸟装备的使用技巧

注：1．根据成绩细分为D1、D2、D3、D4、D5五个等级。
　　2．获得E1证书，方可申请考取D级的资格，根据考核结果确定等级。

E级认定标准内容（红耳鹎级）

鸟种识别	活动时间/小时	技能要求
掌握150种	15～50	1．掌握户外找鸟、认鸟的基本方法 2．了解自然观察活动发展的历史 3．了解鸟类的形态结构、生理特点、习性，以及与环境的关系 4．熟练使用单筒、双筒望远镜 5．掌握鸟类分类的原理 6．熟练使用各种常用鸟类图谱 7．了解观鸟活动的行为要求

注：1．根据成绩细分为E1、E2、E3、E4、E5、E6六个等级。
2．获得F级证书，方可申请考取E级的资格，根据考核结果确定等级。

F级认定标准内容（麻雀级）

鸟种识别	活动时间/小时	技能要求
掌握20种	1～8	1．填写完整的观鸟记录 2．初步描述鸟类的主要特征 3．遵守活动纪律要求 4．掌握双筒望远镜的使用技巧

注：F级的各种测试均可以在户外活动中完成。

目录

第一单元
什么是观鸟

简单地说，观鸟就是观察鸟类，现代观鸟人特地将“观鸟活动”的观察对象定义为“野生的鸟类”。第二次世界大战后，随着经济的发展与民众素养的提高，该活动被广泛地认为是一项典型的公民科学活动，对于现代人了解自然有着重要意义。同时，观鸟活动中体现的对观测对象观察欣赏而不打扰的原则，也使它逐渐成为一项非常符合现代环境保育理念的时尚娱乐活动。中文的观鸟一词，来源于英文单词“birdwatching”的直译。

2008年广州市第一届中学生野外观鸟大赛部分选手

第一节

观鸟实践活动

一、观鸟活动通知及要求

请学生（家长）根据以下通知的要求做好观鸟活动的准备（仅供参考，请根据实际情况修改）。

1. 观鸟活动通知

尊敬的_______同学（家长）：

我校（或机构名称）将于______年___月___日组织观鸟活动，活动时间：___午___时至___午___时。

集合时间：___午___时；集合地点：___________________。请参与的同学（家长）务必准时到指定地点集合。

活动召集人：______老师；联系电话：________________。

活动期间，参与活动的同学（家长）需要完成以下任务：

（1）熟悉双筒望远镜的使用技巧。

（2）观察至少5种鸟类，并学会填写观鸟记录。

2. 要求携带的物品

（1）请自行准备符合观鸟标准的双筒望远镜，要求每人一台。请准备好适合的观鸟工具书，如《中国鸟类野外手册》《中国香港及华南鸟类野外手册》等。

（2）请穿长衣、长裤，以防蚊虫叮咬，建议穿全包裹的运动鞋（防滑鞋底更佳）、戴遮阳的帽子。不建议衣服、帽子、鞋子颜色过于鲜艳，最好为黑色、灰色、绿色、蓝色等颜色。

（3）请携带笔、小记录本和雨具。

（4）建议用非一次性水壶，容量至少500毫升（关于带水的量应该视活动时长、季节做调整)，不建议购买任何形式包装的饮料（特殊需要除外)。

（5）建议参与活动的同学（家长）带一个双肩背包装载物品。

（6）请携带一定数量的干粮（如果活动超过半天，安排午餐存在困难)，并至少携带一个大小适中的塑料袋作收集垃圾之用。

（7）根据同学（家长）的实际情况携带止血贴、驱蚊水、晕车药、纸巾等物品。

（8）建议携带通信工具，以备走散时及时联系。

3. 活动注意事项

（1）12岁以下的学生，请至少有一位家长（或其他值得信任的长辈）陪同参加活动，且家长也务必严格遵守活动规定。

（2）遵守观鸟活动中不许大声喧哗、不能破坏植物、不能惊扰动物、注意安全等要求。

（3）活动期间请务必听从组织者指挥，遵守活动纪律，并根据老师的要求完成相关任务。

二、双筒望远镜的使用

双筒望远镜的使用步骤见表1。

表1　双筒望远镜的使用步骤

序号	步骤讲解	参考图示
1	双手握住镜筒，左右手的食指按在调焦环上	
2	举镜观察时注意两个手肘不要过度张开，以免影响别人观鸟，同时手肘收紧也比较稳定，手不容易抖动	 双筒望远镜正确举镜姿势：手肘收紧  双筒望远镜错误举镜姿势：手肘向外张开
3	调整左右两个镜筒的距离，以适应个人的瞳距。提醒不戴眼镜的学员把目镜眼杯旋转出来（戴眼镜的学员不做此操作）	
4	指导学员调整屈光补偿旋钮至刻度为0	
5	指定一个远处的目标1（以30～50米为宜），指导学员转动调焦环看清楚目标，建议用两个食指一起协调转动	

（续表）

序号	步骤讲解	参考图示
6	提醒学员如果出现双眼视力不平衡的情况，先调节没有屈光补偿环的镜筒至清晰（一般为左侧镜筒），再旋转有屈光补偿环的镜筒（一般在右侧镜筒的目镜端，也有设置在中间的），至双眼物像清晰	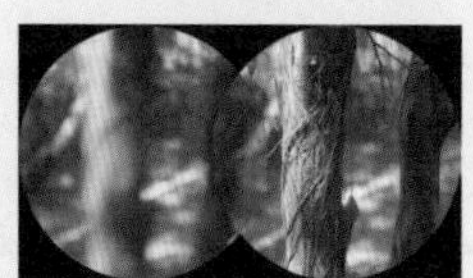 
7	指定一个近处的目标2（2～3米），指导学员转动调焦环看清楚目标	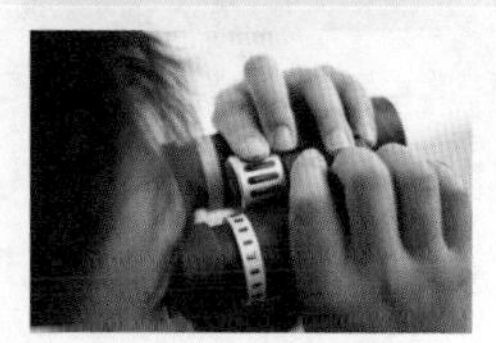
8	再次指导学员观察目标1，之后再指导学员观察目标2，之后至少来回2次，以锻炼学员调整焦距迅速锁定观察目标的能力（因为大多数鸟种比较好动，特别是小型的鸟类）	
9	如果在观察现场有乌鸫、鹊鸲、白鹡鸰、红耳鹎等常见鸟种，可马上指导观察，并引导学员尝试描述观察到的细节（例如：头上有什么特征？腹部是什么颜色？）	
10	如果在观察现场有正在飞行的鸟，建议可以让学员们尝试用望远镜跟踪观察，并引导学员尝试描述观察到的细节（例如：整体是什么颜色？腰部是什么颜色？尾巴是否分叉？）	

第二节

观鸟活动的历史

一、世界观鸟活动的发展历史

1. 18世纪以前

现代观鸟活动被认为起源于博物学（nature history），博物学的起源可以追溯到古希腊的著名学者亚里士多德。最早使用“博物学”这个词的是古罗马的自然学家老普林尼（23—79），他的著作《博物志》（*Naturalis Historiae*，又译《自然史》）被誉为第一本真正意义上的百科全书，据说现代百科全书的编撰模式基本以此书为范例。当时的博物学范围包括生物、地质、天文、技术、艺术和人类学等，几乎涵盖了所有的自然科学。当然，这本书中也记录了多种鸟类，但并非以现代严谨的分类系统方式记录。

18世纪以前，人们对于动植物的观察与研究大多数是着眼于如何利用它们为人类服务，例如食用、药用、装饰、观赏、驯养等。在人类社会的发展过程中，如何更好地利用大自然是一个永恒的话题。近代科技与社会体系的进步使生活在现代的人类只利用驯养的生物就可以获得足够的食物并满足绝大部分的药用等需要。

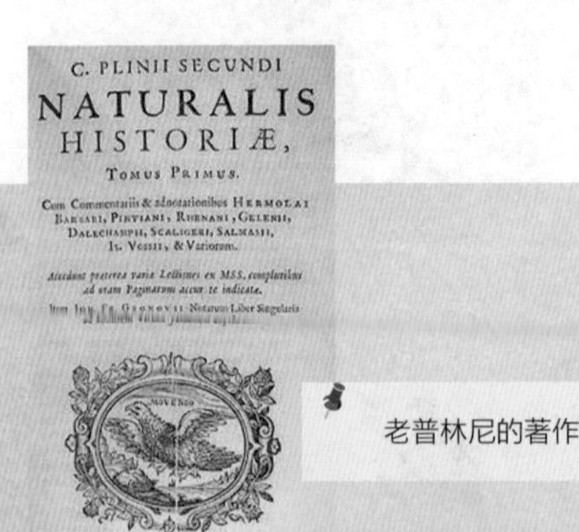
C. PLINII SECUNDI
NATURALIS
HISTORIÆ,
TOMUS PRIMUS.
Cum Commentariis & adnotationibus HERMOLAI BARBARI, PINTIANI, RHENANI, GELENII, DALECHAMPII, SCALIGERI, SALMASII, IS. VOSSII, & Variorum.
Accedunt praeterea variae Lectiones ex MSS. compluribus ad oram Paginarum accurate indicatae.
Item JOH. FR. GRONOVII Notarum Liber Singularis

LUGD. BATAV. ROTERODAMI. } Apud HACKIOS, A°. 1669.

老普林尼的著作

渡渡鸟（*Raphus cucullatus*），这种鸟在被人类发现后仅仅200年的时间里，便由于人类的捕杀和人类活动的影响而彻底灭绝

宋徽宗驯养红腹锦鸡是为了写生

世界范围的鸟类学研究并不系统，偶尔有一些作品涉及鸟类及鸟类解剖。不过，令人惊讶的是1596年（明朝）左右出版的《本草纲目》中，作者李时珍记录了数十种不同的鸟类及其药用价值。明朝另外一本著名的百科全书《三才图会》（1609年出版）的“鸟兽”篇中记录了100多种鸟类。

《三才图会》之鸟图

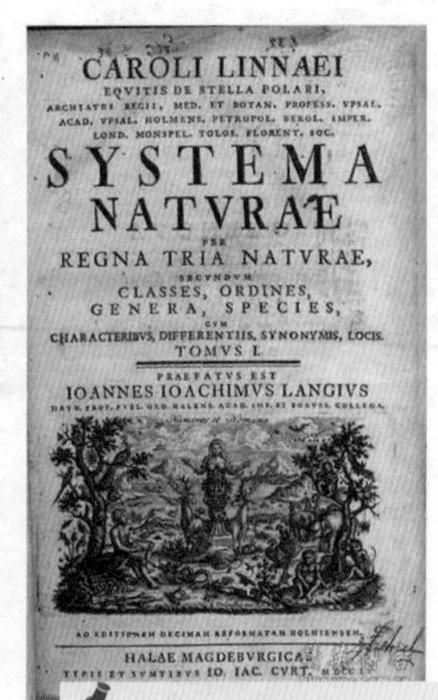
CAROLI LINNAEI
EQVITIS DE STELLA POLARI,
ARCHIATRI REGII, MED. ET BOTAN. PROFESS. VPSAL.
ACAD. VPSAL. HOLMENS. PETROPOL. BEROL. IMPER.
LOND. MONSPEL. TOLOS. FLORENT. SOC.
SYSTEMA
NATVRAE
PER
REGNA TRIA NATVRAE,
SECVNDVM
CLASSES, ORDINES,
GENERA, SPECIES,
CVM
CHARACTERIBVS, DIFFERENTIIS, SYNONYMIS, LOCIS.
TOMVS I.
PRAEFATVS EST
IOANNES IOACHIMVS LANGIVS
AD EDITIONEM DECIMAM REFORMATAM HOLMIENSEM.
HALAE MAGDEBVRGICAE
TYPIS ET SVMTIBVS IO. IAC. CVRT.

卡尔·林奈的著作《自然系统》

2. 18世纪

1758年，一位划时代的人物——瑞典人卡尔·林奈（1707—1778）编写了《自然系统》一书，第一次提出了生物的物种应该根据形态结构的相似程度分类，并用拉丁文及三名法（又称：双名法）的方式为所有的物种确定唯一名称。这项成就为鸟类学乃至整个生物分类学的研究奠定了基础。要知道，分类是所有学科发展的基础，现代观鸟活动必须建立在鸟类分类的基础上。

卡尔·林奈

布里松

1760年，法国人布里松编写了《鸟类学》（6卷），基本沿用了林奈的分类体系，并进行了改进。此书被认为是世界鸟类学研究的起点。

现代意义的观鸟活动可以追溯至18世纪的英国，一位毕业于牛津大学的乡村牧师吉尔伯特·怀特（Gilbert White，1720—1793）被称为第一个真正意义上的现代观鸟人，原因是他在写给朋友的信件中，描述了他对动植物的观察与研究活动都是在尽量不影响它们正常状态的情况下进行的。这与当时基本以研究并大量收藏标本（动植物遗体）为主的博物学研究方式有很大的不同。怀特还发现，只有在这种不干扰其正常活动的状态下，才能比较容易了解各种野生动植物之间的真正关系，有专家认为怀特是第一位在著作中清晰表达"食物链"概念的人，因此，怀特也被誉为英国乃至世界上第一位生态学家。

吉尔伯特·怀特

THE
NATURAL HISTORY
AND
ANTIQUITIES
OF
SELBORNE,
IN THE
County of Southampton.
TO WHICH ARE ADDED,
THE NATURALIST'S CALENDAR;
OBSERVATIONS ON VARIOUS PARTS OF NATURE;
AND POEMS.
By the late Rev. GILBERT WHITE,
FORMERLY FELLOW OF ORIEL COLLEGE, OXFORD.
A NEW EDITION, WITH ENGRAVINGS.
LONDON:
PRINTED FOR WHITE, COCHRANE, AND CO.; LONGMAN, HURST, REES, ORME, AND BROWN; J. MAWMAN; S. BAGSTER; J. AND A. ARCH; J. HATCHARD; R. BALDWIN; AND T. HAMILTON.
1813.

《塞耳彭博物志》英文版

1789年，怀特将1767—1787年与两位同样爱好博物学的朋友的110封信件结集成册，收录在著名的《塞耳彭博物志》（又译《塞耳彭自然史》）中出版。信件中记录了他对老家塞耳彭这个离伦敦仅50英里（1英里≈1.6千米）的地方的鸟兽虫木的观察。与现代的观鸟人一样，他观察的对象绝不仅仅是鸟类，鸟类不可能单独存在于大自然中。

怀特故居收集了世界各地各种版本的《塞耳彭博物志》的柜子

2017年夏，陆穗军造访怀特故居

《塞耳彭博物志》对世界的影响难以估量。查尔斯·达尔文在1870年的一次采访中谈到了这本书对他的巨大影响。有人认为，如果没有怀特所开创的田野考察研究模式对达尔文的影响，就不会有“进化论”的诞生。

托马斯·比伊克

1797年，著名的英国木版画家托马斯·比伊克（Thomas Bewick，1753—1828）编写了《英国鸟类》（*A History of British Birds*）第一卷（陆禽），它可以说是第一本真正意义上的鸟类图谱。据记载，比伊克也是一位出色的博物学家，他涉猎广泛，其第一本与博物学有关的版画作品《四足动物史》于更早的1790年出版。

托马斯·比伊克的作品（陆禽）

3. 19世纪

进入19世纪，鸟类学研究发展呈现出百花齐放的态势，出现了各种图谱和工具书。由于技术的进步，越来越多的人，特别是当时的绅士、贵族阶层感受到探索大自然物种多样性的快乐。欧美地区众多的博物学爱好者们，开始对全球各大洲的鸟类进行系统的观察及研究。同时，达尔文主义（自然选择理论）的出现为整个人类科学界找到了新的方向，尤其在生物学方面。值得一提的是，达尔文关于进化论证据的描述中，特别提到加拉帕戈斯群岛上各种形态相似、种类不同的地雀引发其思考不同自然环境导致物种演化方向不同的问题。

加拉帕戈斯群岛的小地雀（毕映红 摄）

1802年，著名的英国博物学家、军官乔治·蒙塔古（George Montagu）撰写的《鸟类学词典》，是第一本系统讲述鸟类外部形态、内部结构（解剖）、生活习性及分类的书籍，揭示了鸟类适合飞行的各项生理特点。

1804年，托马斯·比伊克又编写了《英国鸟类》第二卷（水禽）。

Ornithological Dictionary;

OR,

Alphabetical Synopsis

OF

BRITISH BIRDS.

BY

GEORGE MONTAGU, F.L.S.

IN TWO VOLUMES.

VOL. I.

LONDON:

PRINTED FOR J. WHITE, FLEET STREET,

BY T. BENSLEY, BOLT COURT.

1802.

乔治·蒙塔古《鸟类学词典》

托马斯·比伊克的作品（水禽）

1827—1838年，一位出生在海地、生活在美国的法国人约翰·詹姆斯·奥杜邦（John James Auduben）根据多年在北美各地研究鸟类的成果编写了四卷的《美国鸟类》，据说他是第一位用环志来研究鸟类迁徙的人。这本书只印了1 000册，卖得并不好，奥杜邦怎么也想不到100多年后，其中一本拍卖的价格超过800万美元，也不会想到他夫人的一位不起眼的学生发起了一个鸟类保护协会，并以他的名字命名，以示对他的纪念和尊重。

约翰·詹姆斯·奥杜邦

《美国鸟类》封面

奥杜邦的鸟类画

郇和

1844—1849年，大英博物馆的鸟类学部负责人乔治·罗伯特·格雷（George Robert Gray）开始对馆内收集的4万多件鸟类标本进行系统整理，编写了《鸟类的属》，这是最早的针对全世界鸟类的系统分类书籍之一。1753年始建的大英博物馆最初是以收集各种动植物标本起家的，只是后来随着收集藏品方向的转变，逐渐以文史类为主，原来的动植物标本于1881年开始移到现今的大英自然历史博物馆。

1854—1873年，一位常驻中国的英国领事郇和（Robert Swinhoe）对厦门及台湾部分地区进行了中国有史以来第一次真正意义上的现代鸟类学研究。1863年，他编写了《中国鸟类目录》，书中记录了454种鸟类，并进行了初步研究和系统分类，这是世界上最早的中国鸟类名录。

1857年，英国人菲利普·斯克莱特（Philip Sclater）向著名的英国林奈学会提交了他的论文，文中重点提到了动物地理分区的概念，当时提到的一些分区规则到现在依然在用。

1861年，人们在德国发现了始祖鸟化石，证实了鸟类与恐龙的关系，确认了鸟类起源于爬行类。

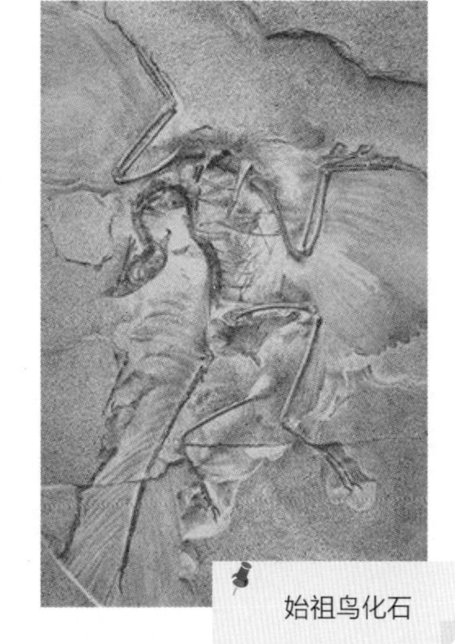

始祖鸟化石

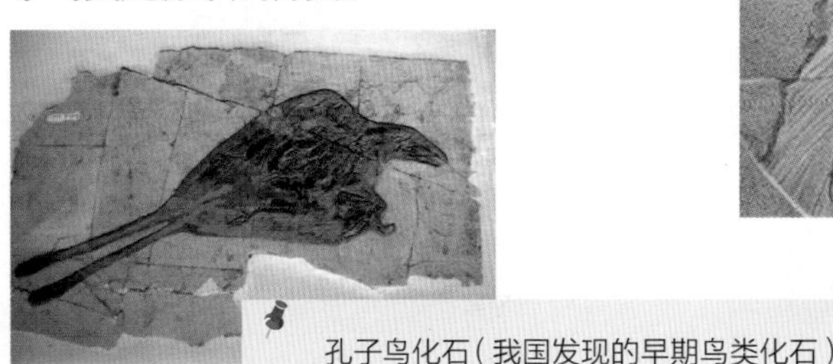

孔子鸟化石（我国发现的早期鸟类化石）

英国皇家鸟类保护协会会徽

1868年，布里德灵顿修道院院长亨利·弗雷德里克·巴恩斯·劳伦斯主导成立了“海鸟保护协会”，这是据编者所知的第一个保护野生鸟类的组织，当时已经出现了严重的枪击海鸟现象。这个协会的成立直接催生了历史上第一部野生鸟类保护法律——1869年英国议会通过的《海鸟保护法》。

19世纪后期至20世纪前期，人们已经觉察到人类对鸟类的食用、装饰的大量需求使鸟类的数量和种类大大减少的现象，一些有识之士相继在加拿大、美国、英国等国家成立了以保护鸟类为目标的协会，如1886年成立的加拿大鸟类保护协会、1889年成立的英国皇家鸟类保护协会都是以呼吁禁止当时盛极一时的鸟类羽毛贸易为初衷而出现的。

4. 20世纪以后

1905年，美国成立了一个以保护鸟类为目的的协会，主要发起人乔治·格林内尔少年时曾经是奥杜邦夫人的学生，深受其影响，故将协会定名为“奥杜邦协会”。

美国奥杜邦协会会徽

美国奥杜邦协会的创始人乔治·格林内尔

1915年，美国人亚瑟·艾伦在康奈尔大学创立了鸟类实验室，在大学首次开设鸟类声音研究及昆虫学的课程。有鸟类学发展史的研究者评价该实验室的建立逐渐将专业的鸟类学研究与博物学爱好者的距离拉大。它使鸟类学从一门主要以描述性为主的学科发展为更为专业的学科，用更严谨的对比实验、基因研究探讨物种演化、鸟种生活习性及生态学方面的问题。迄今为止，在鸟类学研究领域，该实验室在专业方面的领导地位依然难以撼动，坊间也因此称康奈尔大学为“鸟大学”。

康奈尔大学鸟类实验室大楼

国际鸟盟徽章

1922年，国际鸟类保护理事会在英国成立，后改名为“国际鸟盟”（BirdLife）。

随着观鸟人群越来越多，人们对于一本轻便的、能在野外使用的观鸟指南极度渴求。

1934年，美国著名鸟类学家罗杰·托里·彼得森（Roger Tory Peterson）编写了《鸟类指南》，这是第一本现代鸟类观察野外指南，之后绝大多数的“鸟类观察野外指南”都以此为模板，包括中国观鸟者常用的《中国鸟类野外手册》《中国香港及华南鸟类野外手册》。

罗杰·托里·彼得森

《鸟类指南》

威廉·霍曼·索普在录鸟声

1948年，时任第一届联合国教科文组织总干事的英国生物学家朱利安·赫胥黎（Julian Huxley）成立了著名的国际自然保护联盟（IUCN），并创立了沿用至今的“IUCN濒危物种红色名录”。该名录评估了世界范围内物种的保护状况，每年根据实际情况进行更新，如珠江三角洲乃至整个亚洲东部的明星鸟种黑脸琵鹭，以及因被大量捕食而几乎灭绝的黄胸鹀（禾花雀）都未被列入“中国野生动物保护名录”，却因为在IUCN红色名录中出现而备受关注。

1961年，英国剑桥大学的鸟类学家威廉·霍曼·索普（William Homan Thorpe）编写了《鸟鸣》（*Bird-Song*），第一次系统地论述了鸟类的声音交流和表达的生态意义，开创了声谱在鸟类研究中的应用。相信鸟类学家们早就对鸟类的声音感兴趣了，只是困于研究手段的缺乏，直到20世纪中叶才出现了比较便携的录音设备及声波分析设备，鸟声的研究终于有了突破性的进展。当今的研究发现，在人类语言的发展历程中，模仿和学习鸟类的声音或许是很关键的环节。

查尔斯·格拉德·西布利的著作

随着工业、农业、畜牧业的大规模发展，人类对野生动植物栖息地的破坏达到了前所未有的程度。1962年，美国海洋生物学家雷切尔·卡森（Rachel Carson）编写了《寂静的春天》，通过描述农药残留对自然界的危害唤起人们对环境保育理念的广泛关注，观鸟活动再次成为推广环境保育活动的主要形式之一。

1970—1980年，时任耶鲁大学生物学教授的查尔斯·格拉德·西布利（Charles Gald Sibley）开创性地用基因测序技术的方法（1977年发明）重新对鸟类进行系统分类。这一做法在当时颇具争议，后来逐渐成为生物分类最重要的方法和依据。

1971年，多国代表在伊朗小城拉姆塞尔签署了《关于特别是作为水禽栖息地的国际重要湿地公约》，简称《湿地公约》，又称《拉姆塞尔公约》。1992年1月，我国加入该公约，至今已经有40多处湿地保护区成为拉姆塞尔湿地。

查尔斯·格拉德·西布利

《湿地公约》

有数据表明，在20世纪80年代，北美有超过11%的人至少每年观鸟20天。世界各地不同形式的观鸟比赛数量逐年递增，几乎全世界的国家公园都有观鸟导赏服务。2000年，著名观鸟者戴维·艾伦·西布利（David Allen Sibley）编写了《西布利观鸟指南》，该书被誉为自彼得森系列以来最好的观鸟指南，至2002年已售出了惊人的50万册，这从另一个侧面反映了观鸟人数量不断增多的现象。

戴维·艾伦·西布利

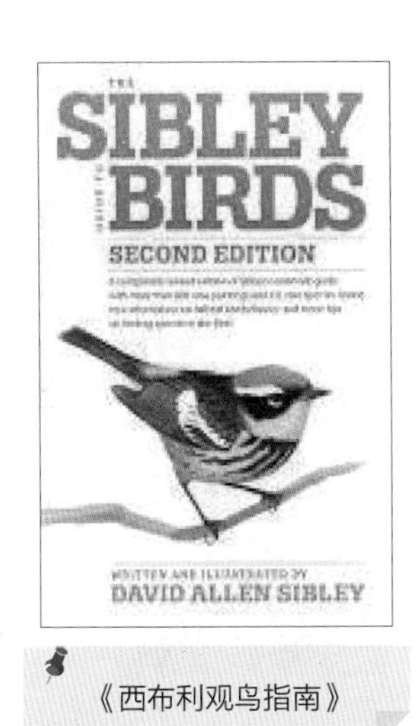

《西布利观鸟指南》

1. 根据以上资料，你认为观鸟活动发展至今与哪些因素有关？

2. 历史永远是今天的镜子，了解观鸟活动的历史对于当今人类社会的发展具有哪些方面的意义？请谈谈你的看法。

二、中国观鸟活动的发展历史

中国境内早期的观鸟活动基本都是欧洲博物学家的记录。

1934年，著名作家周作人在其主编的《青年界》杂志上写了一篇推荐《塞耳彭自然史》（即《塞耳彭博物志》）的文章，文章中周作人承诺将全文翻译此书，可惜由于时局动荡而未能如愿。直到2002年，广州的花城出版社终于出版了此书的第一个中文译本。

周作人

《塞耳彭自然史》第一个中文译本（2002年）

《塞耳彭自然史》新译本（2021年）

《塞耳彭自然史》第一个中文译本的责任编辑秦颖先生

1957年，香港观鸟会成立，早期的会员都是欧美人士，直到1976年才有了第一位华人会员林超英，后来他成为该协会的第一位华人会长。林超英先生还于2003—2009年担任香港天文台的台长。

1973年，一些留学欧美后回到中国台湾的观鸟爱好者成立了台北市野鸟学会，它成为第一个真正意义上由华人组成的观鸟及保护鸟类的社团。之后，中国台湾相继成立了超过20个地区性观鸟协会，它们对于中国台湾的环境保育起了很重要的引导作用。迄今为止，亚洲各个国家和地区之中，中国台湾与中国香港的森林覆盖率同以70%位居第一，比一直以来以环境保育著称的日本还高出了2个百分点。

1977年，《香港鸟类图片指南》（*A Pictorial Guide to the Birds of Hong Kong*）出版，编写者是尹琏（Clive Viney）和费嘉伦（Karen Phillips）。此书多次改版，收纳的鸟类扩大到整个华南地区，篇幅、文字和书名都发生了改变。中文版原名《香港及华南鸟类》，由林超英翻译并参与修订，引进内地时更名为《中国香港及华南鸟类野外手册》。此书至今依然是整个华南地区观鸟者的必读书目。

1981年，中国与日本签订了《中日候鸟保护协议》。从此，中国政府开始关注野生鸟类保育的问题，国务院从当年开始规定各地根据自身气候变化的实际情况确定每年的“爱鸟周”“爱鸟日”或“爱鸟月”，进行爱鸟护鸟的宣传教育活动。此后一系列有关环境保育的法律、法规陆续出台。各地爱鸟周、爱鸟日、爱鸟月的日期见表2。

表2　各地爱鸟周、爱鸟日、爱鸟月的日期一览

序号	地点	日期
1	广西	2月22—28日
2	贵州	3月的第1周
3	广州、海南	3月20—26日
4	福建	3月29日至4月4日
5	北京、江西、湖北、湖南、宁夏、云南	4月1—7日
6	四川	4月2—8日

（续表）

序号	地点	日期
7	陕西	4月11—17日
8	天津	4月的第3周
9	浙江	4月10—16日
10	上海	清明节之后的一周
11	山西	清明节之后的一个月
12	安徽	4月4—10日
13	江苏	4月20—26日
14	河南	4月21—27日
15	辽宁、吉林	4月22—28日
16	黑龙江	4月的第4周
17	山东	4月23—29日
18	甘肃	4月24—30日
19	河北、内蒙古、青海	5月1—7日
20	新疆	5月6日所在的一周
21	香港	10月29日

相对于香港而言，内地的民间观鸟活动在1996年以前受社会条件所限，一直未能广泛开展。据记载，自1992年起，北京师范大学副教授赵欣如曾先后3次在全国动物学会科普委员会建议开展观鸟活动，但未能得到支持。直到1993年，内地第一个致力于环境保育的民间组织“自然之友”由梁启超之孙梁从诫先生主持成立，事情才有了转机。1996年，中央人民广播电台记者汪永晨在美国参加了一次观鸟活动，他深受影响，回国后将这个活动推荐给了自然之友，梁从诫先生马上邀请了首都师范大学的动物学教授高武在当年的国庆节期间组织了第一次观鸟活动。据说大家看到的第一种鸟是北红尾鸲（雄性），大家感慨地说道：“原来身边不只有麻雀。”20多年过去了，作者在推广观鸟中听到最多的还是这句话。

截至1998年，在自然之友的推动下，内地有超过140人次参与了国际鸟盟在世界范围内推广的“在自家附近观鸟并上传记录”的活动。

从1998年开始，香港观鸟会时任会长林超英先生邀请内地的鸟类学家参与香港的观鸟大赛（1984年第一届），希望推动内地观鸟活动的发展，以促进东亚地区的野生鸟类保育。其中就有北京的赵欣如教授，鸟类学家文继贤，广东的高育仁、廖晓东等。他们对内地观鸟活动的进一步推广起到极为关键的作用。

陆穗军与廖晓东老师的合照
（摄于广州白云山黄婆洞水库）

1985年在北京师范大学学习的赵欣如（后排左一）和廖晓东（后排左二）

1998年廖晓东教授（左二）与高育仁研究员（右二）率中国鸟类协会代表队第一次参加香港观鸟大赛

2002年内地首个观鸟比赛——洞庭湖观鸟大赛部分参赛者合影

香港观鸟会会长张浩辉先生（左一）与廖晓东教授（后排右二）为参加观鸟大赛的小学生颁奖（深圳）

广州、深圳“鸟友”组队赴香港参加香港观鸟大赛

香港观鸟界著名人士林超英（时任香港天文台台长）向广东观鸟教师传授经验

2000年，英国人约翰·马敬能与鸟类学家何芬奇共同编写了《中国鸟类野外手册》，书中鸟类图片的作者是为《香港及华南鸟类》绘图的卡伦·菲利普斯（即费嘉伦，2020年1月去世）。迄今为止，此书依然被视为中国观鸟者的“圣经”。早期的观鸟推广者之一廖晓东教授回忆，当年没有图谱的年代，推广观鸟十分艰辛，“如果没有这本书的出现，中国观鸟推广，特别是中小学观鸟的推广至少晚10年”。

1996年，成立于1961年（瑞士）的世界自然基金会（WWF）在北京设立办公室，随即建立了WWF（中国）观鸟论坛。据早期的观鸟者们回忆，这个论坛一下子把全国各地的观鸟爱好者会聚起来，促成了许多全国性的观鸟推广活动。2002年，在钟嘉、蒋勇、赵欣如、廖晓东等人的推动下，利用WWF中国观鸟专区进行联络，在当地政府的支持下，参照香港观鸟大赛的模式，在岳阳市的东洞庭国家级保护区组织了内地第一个观鸟大赛。从此各种观鸟大赛在各地兴起。以2019年为例，当年内地各类型的观鸟比赛超过50场。2005年3月，厦门鸟会的第一任秘书长陈志鸿（岩鹭）在观鸟论坛发起了全国沿海水鸟同步调查的倡议，随即得到了全国观鸟爱好者的响应。这些活动的成功实施极大地推动了内地观鸟活动的发展。

中国民间观鸟活动兴起初期，正逢国内互联网的兴起，互联网在促进观鸟活动的发展中起了重要作用。2002年12月，在廖晓东、赵烟侠等人的推动下，建立了中国观鸟记录中心网站，开创了中国利用互联网的优势建立鸟类观察记录数据库的先河。这不仅仅大大推动了全国观鸟爱好者的广泛交流，对于国内的鸟类学研究也起了重要的推动作用。

2002年3月参加爱鸟周活动的赵烟侠（中间黑色衣服者）

2003年，在廖晓东、董江天、徐萌、张高峰、田穗兴、葛秀萍等人的推动下，深圳福田举办了第一届红树林中小学观鸟比赛，开启了规模性的中小学观鸟推广模式，并直接促成了“深圳市观鸟协会”的成立。十多年来，几乎所有的省份都有了观鸟爱好者的组织，单是广东就有超过10个。廖晓东创建的深圳推广模式在广州（2007年）、湛江（2011年）、东莞（2010年）、珠海（2014年）等地继续推广，使国内参与观鸟的人数实现井喷。

其中观鸟活动在广州的推广尤其成功，自2007年9月起通过培训中学生物教师的方式把观鸟引入中学，自2012年9月起通过培训小学科学教师的方式将观鸟引入小学，观鸟活动影响了大批的中小学生、教师及家长，并推动了“广州市阳光爱鸟会”“广州市自然观察协会”的成立。

感谢为中国观鸟活动推广做出贡献的前辈们，如果我们能在观鸟活动中获得乐趣，不能忘记那些为此贡献了毕生努力的前辈们！谨以上述文字向他们表示敬意。

1. 相对于香港而言，内地的鸟类学研究及观鸟活动发展得比较晚，结合你对中国历史的了解，说说你认为可能的原因是什么。

2. 在中小学校园推广是内地推广观鸟活动的一大特色，这在世界上绝无仅有，你认为可能的原因是什么？

第二单元
观鸟装备

观鸟装备是所有与观鸟活动相关的物品的总称，主要有观察与记录、物种辨别、保护观鸟人这三大作用。根据不同人群的需求，以及开展活动区域的实际情况，科学地选择适合的装备，对于提高观鸟活动效果有重要作用，同时能使参与活动的人更安全。

第一节

观鸟实践活动

一、观鸟活动通知及要求

尊敬的_____同学（家长）：

我校（或机构名称）将于____年__月__日组织观鸟活动，活动时间：___午___时至___午___时。

集合时间：___午___时；集合地点：___________。请参与的同学（家长）务必准时到指定地点集合。

活动召集人：_____老师；联系电话：___________________。

活动期间，参与活动的同学（家长）需要完成以下任务：

（1）熟悉双筒望远镜的使用技巧。

（2）学会使用单筒望远镜。

（3）观察至少10种鸟类，根据要求填写观鸟记录。

（4）学会观察与思考，善于在实践中发现问题，提出问题。

携带物品及注意事项详见第一单元的活动通知，可根据具体情况增加或删减。

二、单筒望远镜的使用

单筒望远镜的使用步骤见表3。

表3　单筒望远镜的使用步骤

序号	步骤讲解	参考图示
1	把镜身安装在三脚架云台上，固定好	 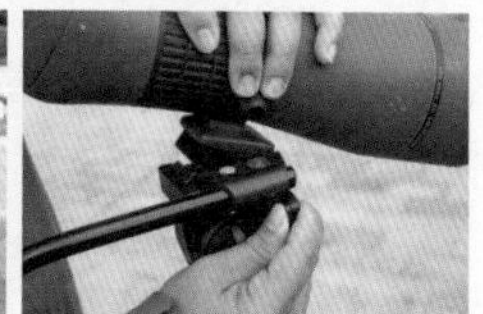
2	调整三脚架的高度，使镜身的高度适合自身的观察习惯	
3	建议站在镜身的右边（或左边，看个人习惯），面对镜身，侧向观测的方向（如射箭的姿势）	 
4	以右撇子为例，建议右手控制云台转向杆，左手控制调焦环	
5	建议先用肉眼寻找所要观察的目标，然后可以用双筒望远镜进行定位（不是必要的操作）	

（续表）

序号	步骤讲解	参考图示
6	使用快瞄设置（有的型号有快瞄孔），结合云台转向杆快速定位所要观察的目标	
7	用右眼（或左眼）紧贴目镜（建议把目镜眼杯旋转出来）	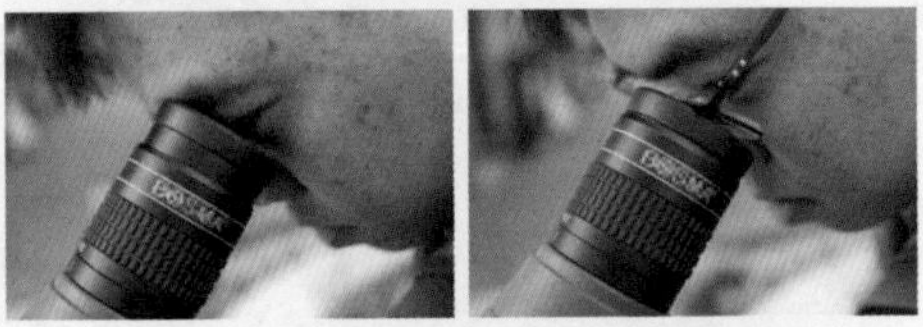
8	左手（或右手）旋动调焦环至物像清楚，右手（或左手）控制云台转向杆进行微调，保证目标鸟种位于视野中央	
9	如果觉得目标鸟种太远，需要调整放大倍数时，将左手（或右手）移至目镜附近的调整倍数的环（小环），转动放大（或缩小）（提醒：放大倍数不一定越大越好，一般情况下，最大放大倍数的效果并非最佳）	
10	导师可根据户外现场的鸟况介绍某个鸟种，然后让学员们自己用单筒望远镜找出来让大家观察	

第二节 观鸟装备介绍

一、观察装备

观鸟不一定需要装备的辅助，原则上如果人离鸟的距离足够近，或者对该鸟种的特征与生活习性很熟悉，是可以用肉眼观察鸟类的。不过，望远镜与长焦距的摄像、摄影装备能够更清晰地观察到野生鸟类或其他动物，同时又能做到不惊扰，所以依然建议观鸟者配备合适的观察装备。

1. 望远镜的发展历史

最早有记载的“望远镜”出现在1608年的荷兰，一个名叫汉斯·利伯希（Hans Lippershey）的眼镜制造商用简单的凸物镜和凹目镜组成一个可以放大3倍观看的玻璃仪器。当时的荷兰作为第一个真正意义上的资本主义国家，逐渐取代西班牙成为海洋霸主，其商业及军事触手远至南亚、东亚，据说大量的海上航行需求推动了望远镜技术的发展。据考证，第一台类似的仪器有可能在1590年前就已经在荷兰出现了。

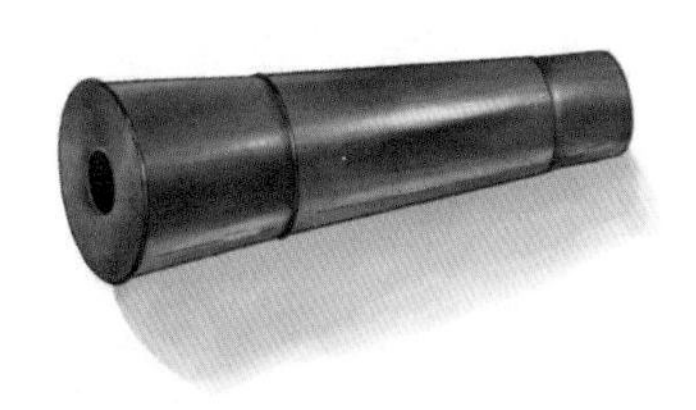

最早的望远镜之一

1609年，著名的物理学家、天文学家伽利略对荷兰的玻璃仪器进行了改进，很快将放大倍数提高了23倍，主要用于天文观察，并用它首次观察到了木星的卫星、月球的环形山等。伽利略也是第一个用“telescope（望远镜）”这个名称命名这类仪器的人。

伽利略

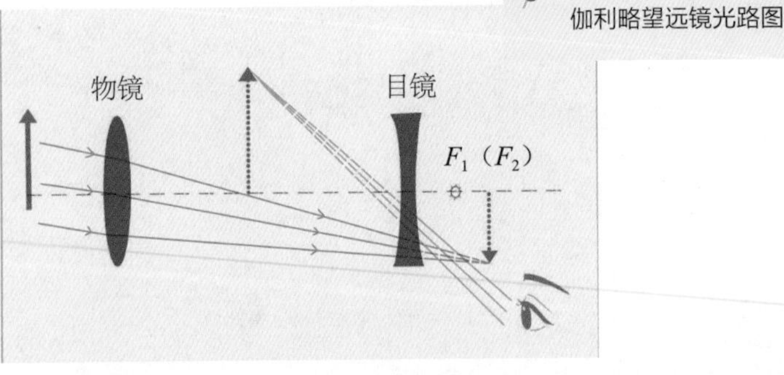

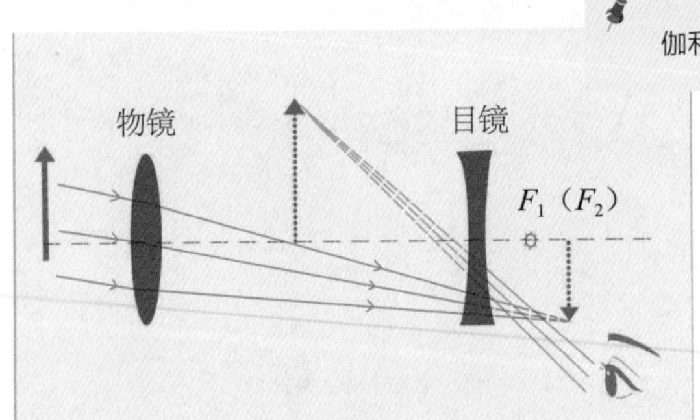

伽利略望远镜光路图

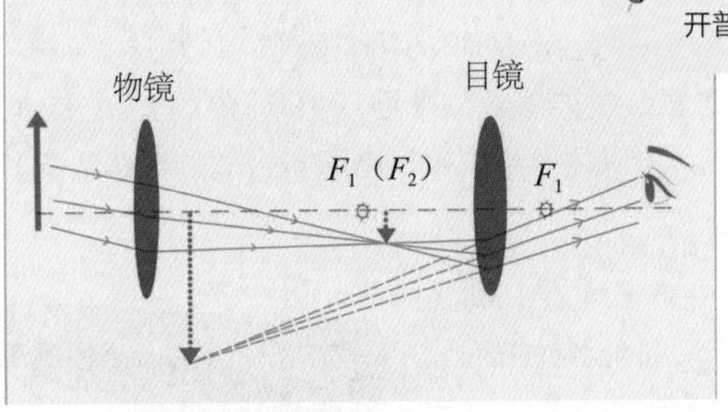

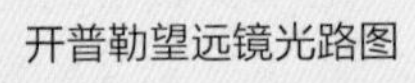

开普勒望远镜光路图

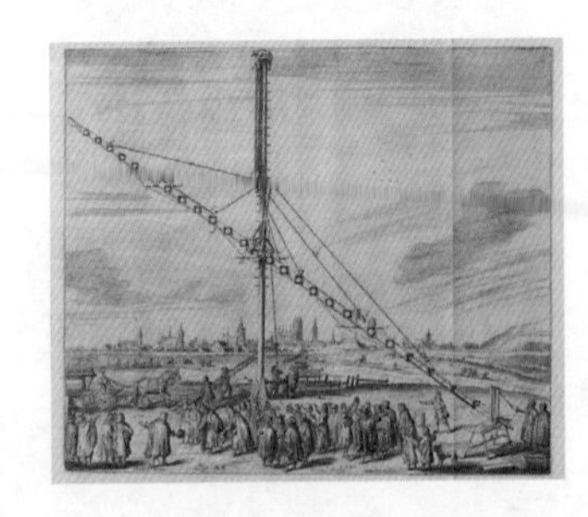

长长的开普勒望远镜（1611年，现代光学理论的先驱、德国人开普勒提出了用两个凸透镜构成望远镜的理论。1655年，著名的荷兰大义学家惠更斯根据开普勒的理论制作了一台能放大50倍的折射望远镜。折射望远镜提高放大倍数的方式只有把外形越做越长，有的长度甚至达180米，使用起来很不方便。）

1666年，经典物理学的开创者艾萨克·牛顿（Isaac Newton）想到了利用光的反射原理制作反射望远镜，对比同样放大倍数的开普勒望远镜，镜筒的长度大大缩短。至今为止，天文光学望远镜仍以反射望远镜为主。

Porro（保罗）型双筒望远镜

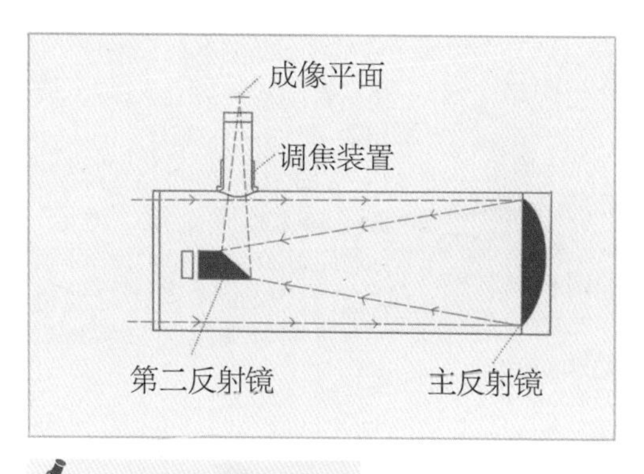

反射望远镜光路图

望远镜在发明后的200多年里一直只有一个镜筒，每次只能用一只眼睛观察。直到1854年，一位意大利眼镜商伊尼阿齐奥·波罗（Ignazio Porro）用双重棱镜反射的方法设计了可以用两只眼睛同时观察的望远镜，双筒望远镜从此出现。该棱镜以发明者的名字命名为Porro棱镜，中文译名为波罗棱镜，俗称保罗棱镜，使用该棱镜的望远镜被称为保罗型双筒望远镜。它的出现使望远镜更紧凑便携，同时用两只眼睛观察更符合人类的用眼习惯，并产生更好的立体感。1894年，著名的德国光学公司卡尔·蔡司（Carl Zeiss）将这项技术加以改进，此后双筒望远镜得以在军事、航海、探险、自然观察等多个领域迅速应用推广。

19世纪70年代，有工程师开始探讨用一种屋脊型的五面棱镜使双筒望远镜更加紧凑。1897年，欧洲开始有望远镜商销售这种直筒型双筒望远镜，并将其命名为屋脊型双筒望远镜。

屋脊型双筒望远镜

用于自然观察的望远镜有双筒望远镜和单筒望远镜，其基本信息见表4。

表4　适合进行自然观察的望远镜的基本信息

项目	双筒望远镜 （保罗型、屋脊型均可）	单筒望远镜 （直筒型、曲尺型均可）
放大倍数/倍	7～10	20～75
目镜口径/毫米	32～42	50～95
目镜镀膜颜色	蓝、绿、紫等颜色均可，慎用红色	蓝、绿、紫等颜色均可，慎用红色
适用范围	情况比较复杂的树林灌丛；针对距离比较近、比较好动的观察对象，通常观察林鸟时多选择使用。另外，使用单筒望远镜时也需要双筒望远镜配合	在一些比较开阔的观鸟环境，如宽阔的水面、湿地、滩涂，以及对生活在森林冠层的观察对象进行观察时多用。特别是在距离观察对象比较远的时候使用
辅助器材	十字背带	三脚架
备注	氮气密封技术更有利于在户外极端天气中使用	根据自己的使用习惯选择使用不同的调焦模式

课后作业

教师准备不同型号、不同放大倍数、不同颜色镀膜的望远镜让学生试用并引导他们回答以下问题。

1．用于观鸟的双筒望远镜的放大倍数为什么规定在7～10倍？不是越大越好吗？

2. 为什么红色镀膜的望远镜不太适合用于观鸟？

3. 目镜口径大意味着什么？对于观鸟来说，口径是不是越大越好？

2. 摄影及摄像设备

早期的博物学爱好者都必须有一定的画画技能，把观察到的动植物精确地画出来，直到1839年法国人达盖尔发明了照相技术。照相机经过多年的技术改进，直到20世纪初其体积进一步缩小，更适合携带，才被广泛应用于野外考察等活动中。作为一种远比画画更能还原现实情况的记录手段，摄影技术对于自然观察爱好者的帮助显而易见。

早期的照相机

1961年，著名的英国野生鸟类摄影师埃里克·霍斯金（Eric Hosking）根据自己的实践编写了《鸟类摄影》，使鸟类摄影技术得以普及。

1991年，柯达公司生产了第一台数码相机。随着技术的突飞猛进，数码相机的功能越来越强大，越来越多的自然观察爱好者加入鸟类摄影者的行列。

鸟类摄影对于鸟种辨认、记录鸟类生活习性等有很大的帮助。不过，建议初学者先用望远镜观察，使自己更熟悉鸟类的行为习惯及特征，有一定实践经验和知识积累后再考虑鸟类摄影。本书暂不涉及鸟类摄影的内容。

最早的数码相机

二、观鸟活动的衣着要求

通常来说，由于种种原因，野生动物会与人类保持一定的安全距离，鸟类就是如此。虽然并没有证据表明鸟类对鲜艳的颜色特别抗拒，但经验表明，观察者的着装与周围颜色更贴近会缩短大多数野生动物与人的安全距离。所以，对于自然观察爱好者有如下建议。

（1）建议选择更接近自然观察活动所在环境的颜色。如在下雪的冬天，建议选择白色；如在绿色较多的树林或灌丛则选择灰、黑、蓝、绿等颜色为好。实践证明，迷彩颜色的衣服隐蔽效果最好。

（2）最大限度地保护好身体表面，建议穿透气性好的长衣长裤以防蚊虫的叮咬，戴宽边渔夫帽可遮阳并防止高处掉落的物体造成的危险，包裹较好的防滑户外鞋可防止来自地面的危险。

2021年7月在若尔盖草原观鸟

三、观鸟工具书及其使用

精确地辨别鸟种是观鸟者的基本能力，一本携带方便、便于查阅的鸟类图谱几乎是现代观鸟者的必需品。由于全世界有超过10 000种鸟类，所以分区域的鸟类图谱使用起来更方便。这里主要介绍适合在中国观鸟使用的部分图书及其使用方法。

1.《中国鸟类野外手册》

该书由英国鸟类学家约翰·马敬能、中国科学院动物研究所研究员何芬奇、著名鸟类学家卡伦·菲利普斯（费嘉伦）合著。2000年由湖南教育出版社出版其中文版，英文版几乎同时在海外发行。书中记录了在中国行政区域内有记录的1 329种鸟类，并对每一种的分类、外部形态、生活习性、分布、叫声等进行了简单的描述。是第一本面向观鸟爱好者、涵盖中国全境鸟种的观鸟工具书。

2.《中国鸟类观察手册》

该书由中山大学生态学院教授、中国动物学会鸟类学分会常务理事兼副秘书长刘阳，浙江省博物馆馆长、中国动物学会鸟类学分会常务理事陈水华共同编写。2021年由湖南科学技术出版社出版。书中收录鸟类1 491种，鸟类鸣叫音频800多种。是一本展现中国鸟类研究者、观鸟者和自然手绘艺术家高超水平的原创观鸟工具书。

3.《中国香港及华南鸟类野外手册》

该书由尹琏、费嘉伦、林超英合著。1977年出版了英文版，1994年推出中文版（第六版）。书中记录了在华南地区（广西、广东、福建、海南）有过观察记录的458种鸟类。2017年，湖南教育出版社引进了第八版。是华南地区观鸟首选工具书。

请同学们在阅读完工具书的同时，积极总结经验，找到最简捷快速的方法使用以上工具书。

4. 其他图书

在中国观鸟还可以参考以下书籍：

（1）《鸟类行为图鉴》。

（2）《上海水鸟》。

由于观鸟人的需求不断增加，会有更好、更适合观鸟人用的工具书不断出版，观鸟人应不断加强学习。

用15分钟查阅《中国鸟类野外手册》，根据书中关于白琵鹭、小嘴乌鸦、绿头鸭、白腰杓鹬的资料填写下列表格。

白琵鹭

拉丁名（学名）		英文名	
体形大小（体长及翼展）		你所在地区是否有可能观察到	
观察季节		生活环境描述	
主体颜色		喙的形状	
科		与黑脸琵鹭的不同点	
繁殖地区		书中编号	

小嘴乌鸦

拉丁名（学名）		英文名	
体形大小（体长及翼展）		你所在地区是否有可能观察到	
观察季节		生活环境描述	
主体颜色		喙的形状	
科		与大嘴乌鸦的不同点	
繁殖地区		书中编号	

绿头鸭

拉丁名（学名）		英文名	
体形大小（体长及翼展）		你所在地区是否有可能观察到	
观察季节		生活环境描述	
主体颜色		喙的形状	
科		与琵嘴鸭的不同点	
繁殖地区		书中编号	

白腰杓鹬

拉丁名 （学名）		英文名	
体形大小 （体长及翼展）		你所在地区是否 有可能观察到	
观察季节		生活环境描述	
主体颜色		喙的形状	
科		与大杓鹬 的不同点	
繁殖地区		书中编号	

四、其他观鸟装备

根据实际情况和参与活动人员的年龄情况，还可以携带以下物品。

（1）水和食物：建议自带水壶，根据活动时间的长短及温度情况准备适当的水和食物。

（2）适合的雨具：预防天气变化。

（3）常用药物：根据自身的需求和活动的实际情况准备止血贴、晕车药、肠胃药、退热药、感冒药等。

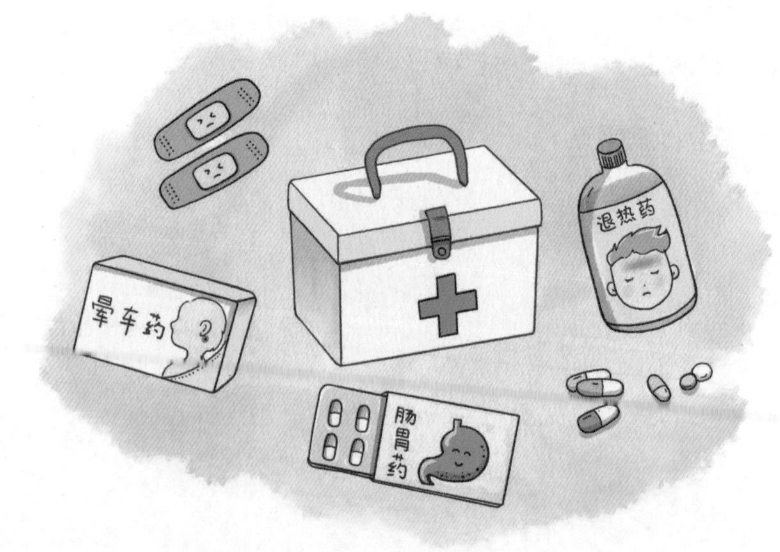

（4）小笔记本和笔：及时地进行观察记录。

（5）通信工具。

（6）身份证明及各类通行证：根据实际情况准备。

课堂作业

学校周末组织去某湿地观鸟，时间为周六、周日两天，需要在外住宿，请根据以下表格准备行李。

编号	物品名称	类别	功能
1			
2			
3			
4			
5			
6			
7			
8			
9			
10			
11			
12			
13			
14			
15			

第三单元

准确描述鸟类

用准确的语言描述观察目标的特征、位置是观鸟人的重要能力。本单元将指导初学者通过学习鸟类外部形态及各个部位的名称学会准确描述观察目标的主要特征，通过户外实践学会准确描述观察目标的方位，并通过学习鸟类的生理特征理解鸟类的起源、适于飞行的特点等知识。

第一节

观鸟实践活动

观鸟活动通知及要求

尊敬的_____同学（家长）：

我校（或机构名称）将于________年____月____日组织观鸟活动，活动时间：__午__时至__午__时。

集合时间：__午__时；集合地点：__________。请参与的同学（家长）务必准时到指定地点集合。

活动召集人：___________老师；联系电话：___________________。

活动期间，参与活动的同学（家长）需要完成以下任务：

（1）完成观鸟记录表。

（2）进一步熟悉双筒、单筒望远镜的使用技巧。

（3）尝试用自己的语言描述观察目标出现的位置并告诉同伴。

（4）尝试用自己的语言描述观察目标的主要特征。

携带物品及注意事项详见第一单元的活动通知，可根据具体情况增加或删减。

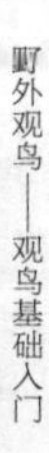

第二节

描述鸟类的特征

1. 鸟类外部形态全结构

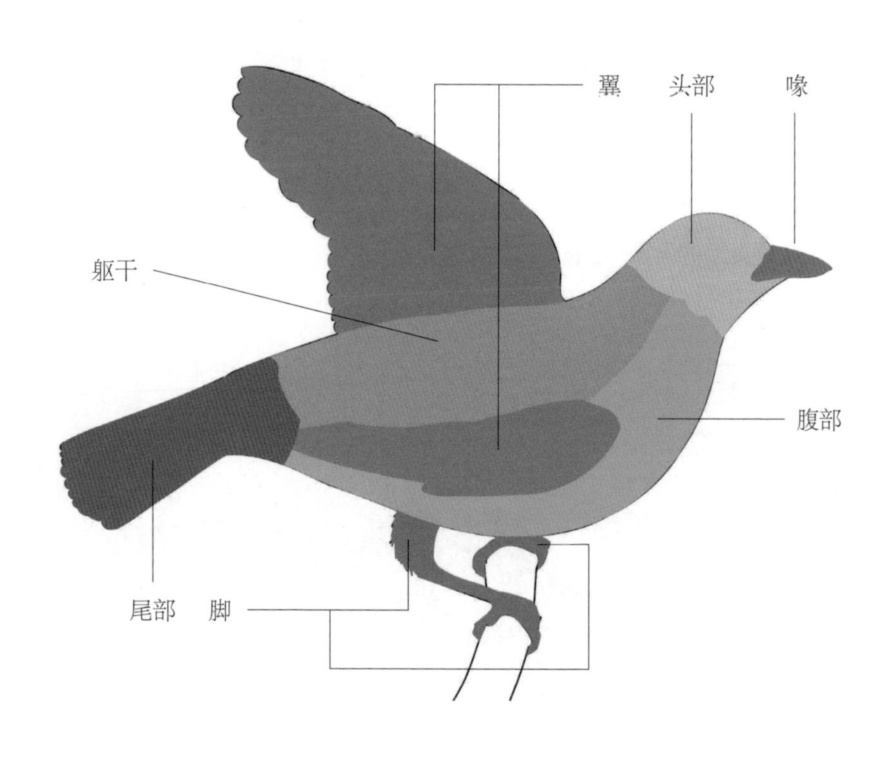

2. 鸟类喙的各部分结构

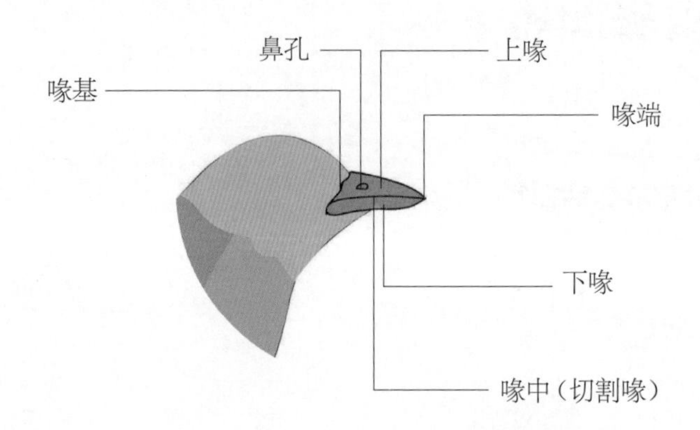

3. 鸟类头部的各部分结构

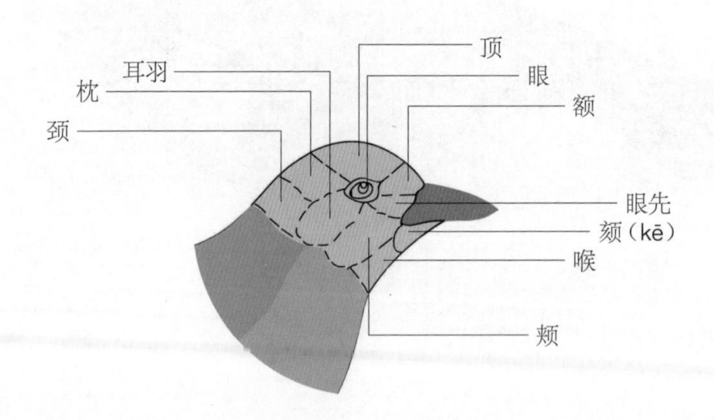

4. 鸟类躯干的各部分结构

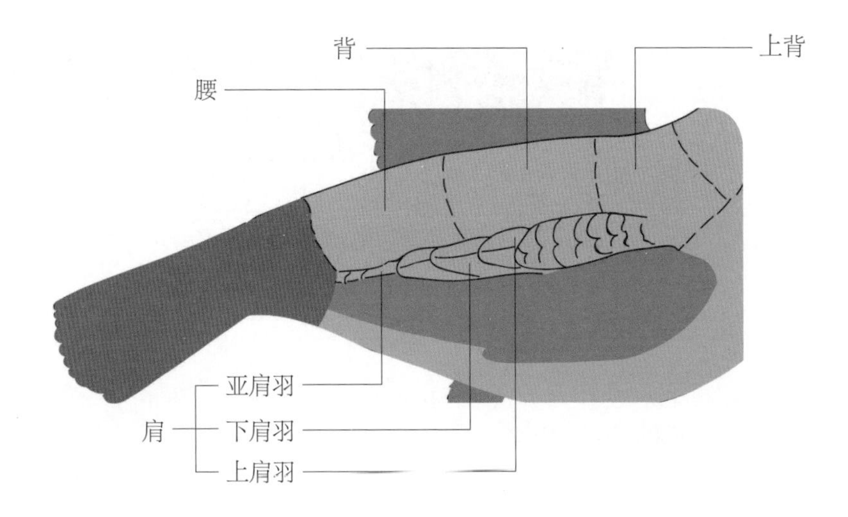

5. 鸟类翼的各部分结构

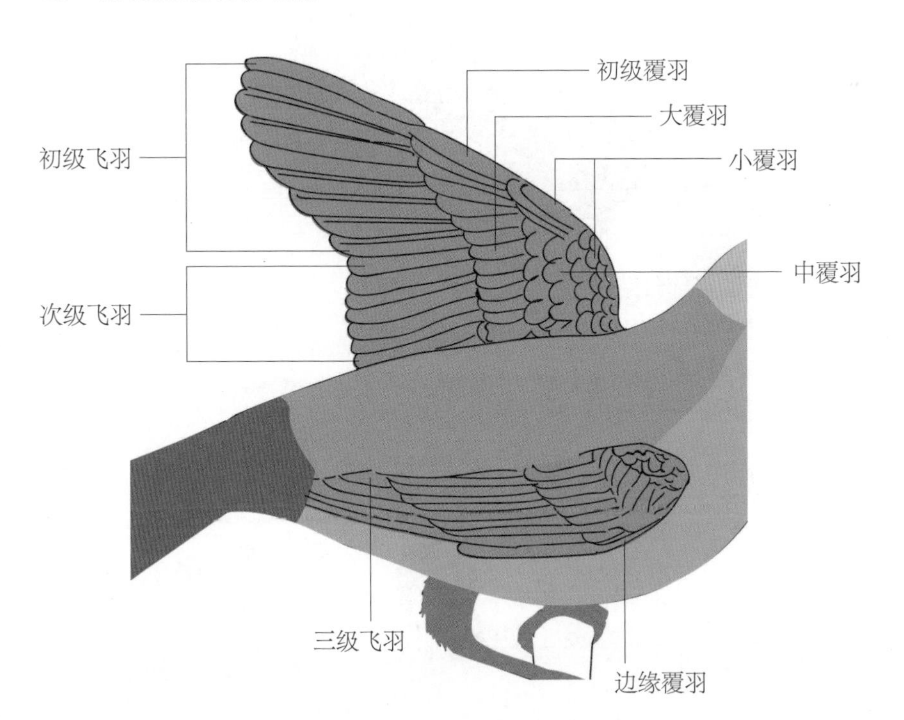

6. 鸟类腹部的各部分结构

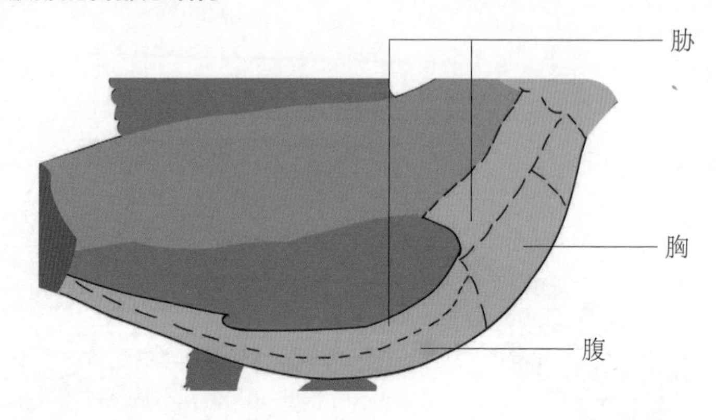

7. 鸟类尾部的各部分结构

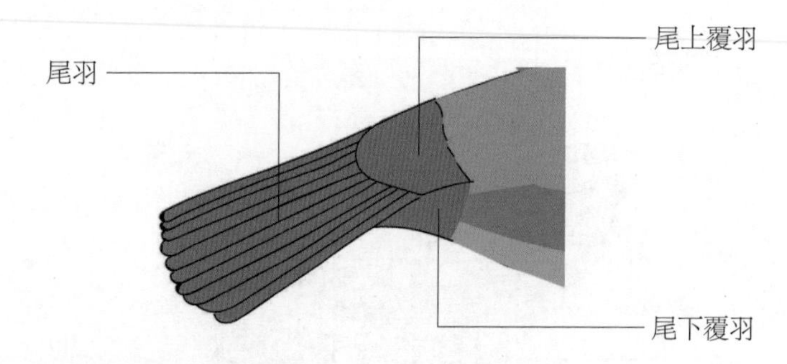

8. 鸟类脚的各部分结构

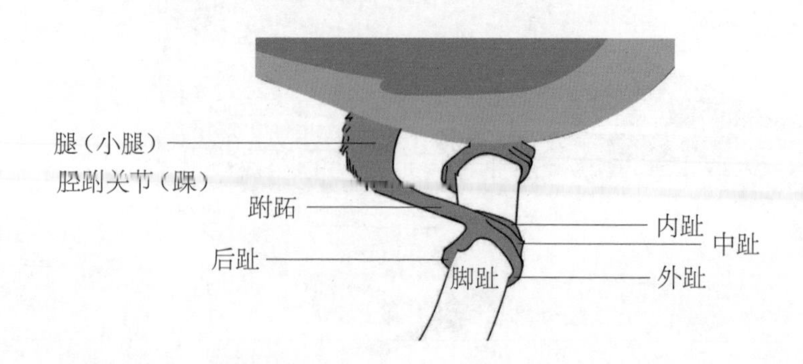

1．比较白顶溪鸲与雄性北红尾鸲的不同特征。

（1）至少写出两者之间的两点区别。

①____

②____

③____

（2）两者之间有共同特征吗？

①____

②____

③____

2. 比较雄性蓝喉太阳鸟与雄性叉尾太阳鸟的不同特征。

蓝喉太阳鸟（♂）

叉尾太阳鸟（♂）

（1）至少写出两者之间的两点区别。

①______________________________

②______________________________

③______________________________

（2）两者之间有共同特征吗？

①______________________________

②______________________________

③______________________________

第三节

描述观察目标的方位

1. 确定方位

用望远镜观察到观察对象后，应尝试放下望远镜，用肉眼再次确认方位，建议至少循环两次，以便更好地确认位置。

2. 寻找参照物

（1）找离观察对象最近的明显参照物，特别是颜色比较鲜艳或明显的物体，例如花、变黄的叶子。举例：在红色花的左边，在黄色叶子的后面。

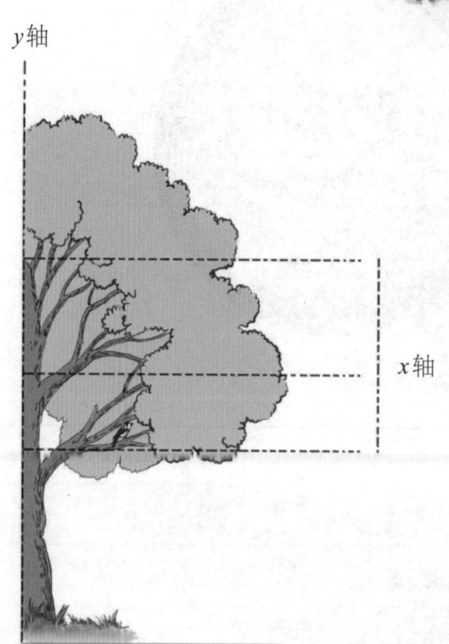

（2）用坐标法定位，特别适合在树上的鸟种。纵轴（y轴）一般用树的主干，横轴（x轴）用（由上往下或由下往上）第几条横枝。举例：在主干的右边，由上往下第四根横枝的中间段。通常还需要确定是哪一棵树。

（3）有很多鸟在一大片水面上时，首先找特殊的地形地貌做参照。举例：在右岸边，靠近白色石头的下面。其次可以以某只大型鸟为参照物。举例：那只苍鹭右边的第三只。

（4）在天空飞行的鸟类如何定位？一般以地面的某个参照物作为描述的基准。举例：前面第二条电线与第三条电线之间，前面那座铁塔的上面。

（5）如果灌丛中活动的鸟种比较活跃，定位比较困难，描述时只能确定某区域。

（6）移动中的观察对象应首先描述它当时的定位，同时说明它正在移动的方向，如向右或向左。

3. 注意事项

在大自然中，很难根据平面确定方向，描述观察目标方位时要注意方法。

第四节
了解鸟类能飞行的奥秘

人类对鸟类的印象，一般是翱翔天空与鲜艳的羽毛，像鸟儿一样飞翔几乎是世界各民族和各种文化共同的梦想。鸟类为什么能飞行？人类是否能像鸟类一样飞起来？这也是早期鸟类学家们希望通过研究鸟类的身体结构解决的问题。1859年，达尔文的“自然选择”学说诞生，博物学家们开始思考鸟类的祖先是谁。

一、鸟类的起源

从生命演化的角度看，鸟类并不是最早出现的靠自身动力翱翔天空的动物，研究表明，会飞的昆虫大约出现在距今4亿年前，会飞的鸟类大约出现在1.6亿年前。众所周知，鸟类也不是唯一会飞的脊椎动物，爬行类中的翼龙被认为是最早能主动飞行的脊椎动物，约出现在距今2.1亿年前，蝙蝠作为可以飞行的哺乳动物约出现在距今5 000万年前。但是，鸟类依然是飞行能力最强的一类。

1861年，人们在德国的巴伐利亚地区发现了始祖鸟化石，首次证实了鸟类起源于爬行类的推测，后来在中国东北（辽宁西部）发现的中华鸟龙、孔子鸟等化石进一步证实了鸟类可能起源于某种小型恐龙的推测（到底是哪一类恐龙，专家有不同看法），所以当今生存的鸟类也被认为是唯一活下来的恐龙中的一支。

二、羽毛是鸟类与其他动物种群的主要区别

有证据表明，羽毛可能在鸟类出现以前就有了，多种恐龙、翼龙的化石上有羽毛的踪迹，这有可能是恐龙中的一支出现了基因变异，体表的角蛋白鳞片羽化的结果。不过，从现今生存的脊椎动物来看，只有鸟类有羽毛，也就是说羽毛是鸟类与其他动物的主要区别，还未发现现存的其他物种有羽毛结构。

三、鸟类适合飞行的生理特点

并不是所有鸟类都会飞行，例如鸵鸟、企鹅、几维鸟等就因为多种原因而不能飞行。但是，能飞行的鸟类依然占绝大多数。到底有哪些生理特点使鸟类适合飞行呢？

（1）身体流线型，大大减少了飞行时的阻力。

（2）全身大部分表面覆盖羽毛，绒羽起了很好的保温作用，翅膀上的正羽（飞羽）使翅膀扇动时产生更大的动力。

（3）前肢特化成翅膀。

（4）全身骨骼薄且中空，使身体质量减轻。

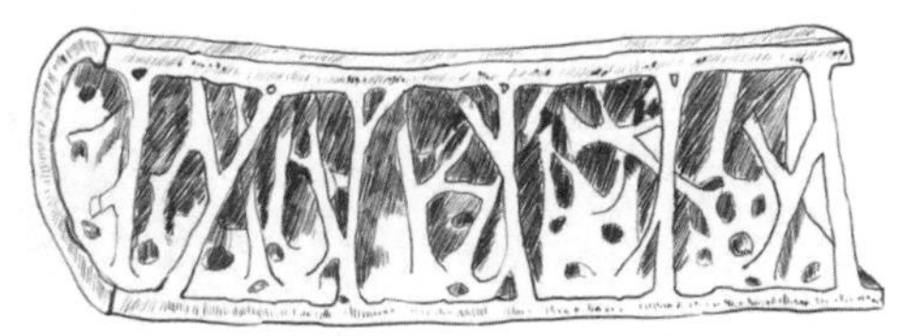

（5）胸骨特化为龙骨突，使该处能附着更多的骨骼肌，有利于牵动翅膀扇动。

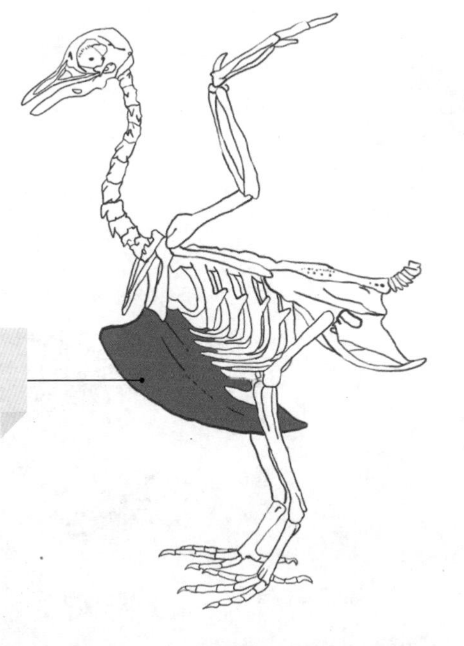

鸟类拥有龙骨突，为强健的胸肌提供附着

（6）心脏质量比例大，平均比人类的心脏比例大4倍；心率快，通常比人类快2倍。不同鸟种的心率差别很大，一般来说体形越小心率越快，某些种类的蜂鸟飞行时，心率可以达到惊人的1 200次/分。强大的心脏能为身体各处提供更多的氧气和营养物质。

（7）肺部有多个气囊连接，可以实现一次呼吸两次气体交换的双重呼吸模式，使气体交换的效率更高。

（8）没有膀胱，不储存尿液，有利于减轻体重。

一只白鹡鸰随地大小便

（9）强大的消化系统使鸟类容易吸收更多的营养物质，以体重比例来算，如果鸟类的体重与人相似，平均食量将是人类的5倍。同时鸟类大肠很短，不储存粪便，使体重更轻。

翠鸟吃很多小鱼

（10）发达的神经系统及感觉器官，例如很强的方向辨别能力、强大的视力等，使鸟类高速飞行时能更好地应对复杂的环境变化。

林雕远远就看到观鸟人鼻子上有一颗青春痘

1. 看到鸟类在天空飞行，人类也一直梦想遨游天际，也想了很多办法，但一直很难在没有外部动力的情况下实现像鸟类一样自由飞行的愿望。请问：以你对人类生理特点的了解，是什么原因导致人类飞不起来？

2. 在户外观察鸟类的同时会看到许多蝴蝶在飞，你能描述鸟类飞行与蝴蝶飞行有什么不同吗？是什么原因导致这些不同？

第四单元
鸟类分类

现代生物分类的方法起源于1758年瑞典博物学家林奈创立的双名法，从此，生物主要以外部形态、内部结构特征作为分类依据，这种分类方法至今依然是鸟类学分类的主要手段。传统的鸟类分类依据来源于对所有已发现的鸟种进行生理解剖及精确测量得出的数据，在此基础上按照形态结构的相似程度区分它们之间亲缘关系的远近，从而进行分类。20世纪70年代，人们开始利用现代遗传学技术对鸟类的DNA进行比对，希望能够更精确地分类，结果证明遗传学技术并未能完全解决分类的问题，形态结构依然是生物分类的主要依据，但遗传学技术成为非常重要的辅助手段。

在科学分类方法的基础上，针对鸟类的科学研究还会根据地理分区、迁徙习性、栖息地生态环境特点、食性、生活习性等因素进行分类。本单元希望观鸟者了解各种分类方法，并在观鸟活动中合理运用。

第一节

观鸟实践活动

观鸟活动通知及要求

尊敬的_____同学（家长）：

我校（或机构名称）将于_____年___月___日组织观鸟活动，活动时间：____午_____时至____午____时。

集合时间：____午_____时；集合地点：_________________。请参与的同学（家长）务必准时到指定地点集合。

活动召集人：_________老师；联系电话：__________________。

活动期间，参与活动的同学（家长）需要完成以下任务：

（1）熟练掌握单筒、双筒望远镜配合使用的技巧，特别在观察及辨别水鸟方面掌握一定的基础技能。

（2）熟练使用《中国香港及华南鸟类野外手册》或《中国鸟类野外手册》等鸟类野外辨别工具书。

（3）观察至少20种鸟类，并进行详细记录。

（4）活动时间至少半天。

携带物品及注意事项详见第一单元的活动通知，可根据具体情况增加或删减。

第二节

鸟类分类方法介绍

一、鸟类分类的基本方法

（1）生物分类法又称科学分类法，是其他鸟类分类方法的基础。

（2）生物分类法根据鸟类的外部形态、内部结构、生理功能的特征进行检索分类，并通过比较这些特征确定鸟种之间的亲缘关系。

（3）分类单位由大到小分为域、界、门、纲、目、科、属、种8个等级的单位。

（4）鸟类属于真核生物域（具有真正细胞核、核膜）、动物界（细胞没有细胞壁）、脊索动物门（具有脊索）、脊椎动物亚门（脊索外有脊柱）、鸟纲（与其他生物最大的区别是具有羽毛）。

（5）据2019年公布的《中国鸟类名录7.0》，中国境内有记录的鸟种为27目113科1 474种。

（6）据2020年公布的《IOC世界鸟类名录10.1》，全世界鸟种为40目250科10 928种。

（7）种的概念：个体没有出现生殖隔离，可以繁殖后代则可以归为同一个种；反之则为不同种。

脊椎动物分类检索举例如下：

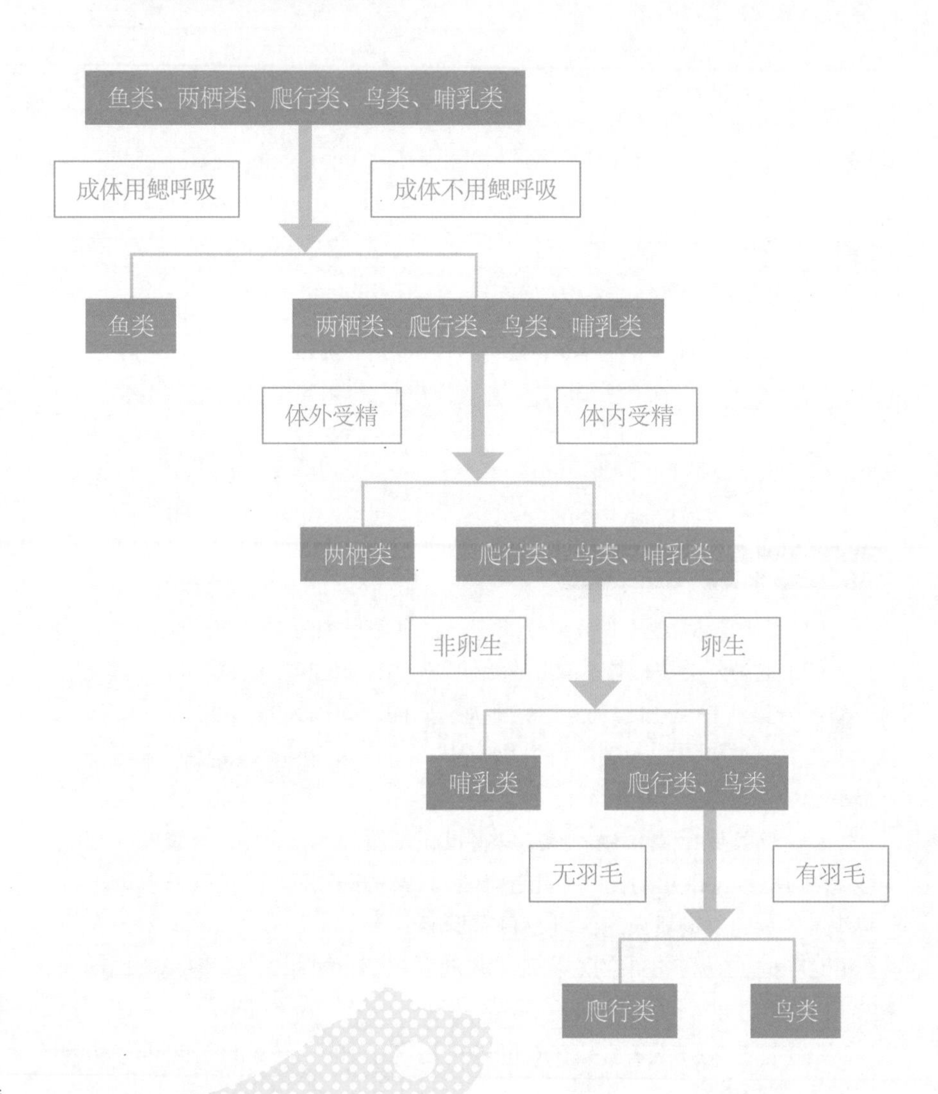

小组名称：__________ 姓名：__________

根据脊椎动物分类检索举例，对本单元观鸟活动中最先看到的5个鸟种进行分类检索：

二、其他分类方法

1. 按迁徙习性分类

鸟类的迁徙指的是以年为时间周期活动的节律行为。人类很早就注意到一部分鸟类是迁徙的，早在18世纪，吉尔伯特·怀特就曾经对“家燕在冬天来临前的突然消失”进行了观察和推测。经过多年的研究，并得益于各种先进追踪技术的进步，人类对大多数鸟种的迁徙习性有了更全面的了解。

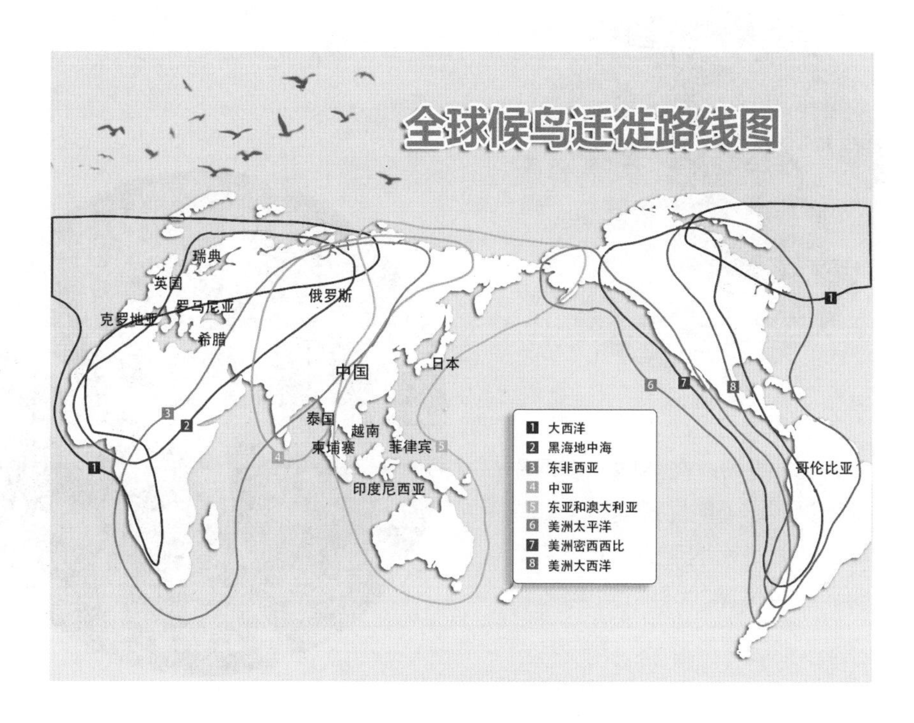

（1）候鸟：根据不同的季节选择不同地点生活的鸟类。例如：反嘴鹬只有冬天才在广州活动，在广州，可称反嘴鹬为冬候鸟；反嘴鹬夏天时在西伯利亚繁殖，在西伯利亚，反嘴鹬为夏候鸟。每年的5月、10月，反嘴鹬短时间出现在我国东北的兴凯湖，据推测反嘴鹬在夏季繁殖地与冬季度冬地之间迁徙，其间途经兴凯湖，对于兴凯湖来说，反嘴鹬是过境鸟。

中国南方常见冬候鸟反嘴鹬（赵广胜 摄）

赵广胜 摄

梁家睿 摄

（2）留鸟：在某地一年四季都能见到，无明显迁徙行为的鸟类。例如华南地区的乌鸫、红耳鹎、白头鹎等。

赵广胜 摄

（3）迷鸟：有些鸟偏离了一般已知的迁徙路线，出现在不经常出现的地点，对于该地点来说，这种鸟被称为“迷鸟”。

赵广胜 摄

曾经出现在广州麓湖的黑脸琵鹭可能是迷鸟

2. 按繁殖地所在的地理分区分类

随着大航海时代的开启，走遍世界各地的欧洲博物学家们发现，世界各地的生物种类及分布与各地的地理环境特点是相关的，他们早在18世纪中后期就提出了动物地理分区的想法。1857年，鸟类学家斯克莱特根据各地鸟类的差别，将全球分为六大鸟区，这就是世界动物地理分区的前身。1876年，英国著名博物学家华莱士和达尔文都肯定了六大区划分的正确性，并提出了一些修改意见，最终形成现在依然公认的六大动物地理分区。

动物的地理分区是指地球的表面（地壳）在长年的发展过程中形成的在现代生态条件下存在的许多动物类型的总体。简单地说，动物的种或其他分类类群，最初是从一个地点发生，然后由发生地点逐渐向四周扩展分布的。由于陆地本身的地理特征不同，各种动物在地球表面的分布并不平均，在相互隔离的不同大陆之间，野生动物的组成结构也有着巨大的差异。

（1）古北界：包括欧洲、北回归线以北的阿拉伯半岛及撒哈拉沙漠以北的非洲、喜马拉雅山脉以北的亚洲。主要山脉为东西走向。

（2）新北界：墨西哥南部以北的美洲，包括格陵兰岛、加拿大、美国、墨西哥高原。

（3）澳大利亚界：包括澳大利亚、新西兰及附近太平洋上的岛屿。

（4）新热带界：包括南美大陆、中美洲、墨西哥南部和西印度群岛，大体相当于拉丁美洲。

（5）热带界（又称旧热带界、埃塞俄比亚界）：包括撒哈拉沙漠以南的非洲大陆、北回归线以南的阿拉伯半岛、马达加斯加及附近岛屿。

（6）东洋界：喜马拉雅山脉以南的亚洲，包括印度半岛、中南半岛、斯里兰卡、菲律宾群岛、苏门答腊岛、爪哇岛及加里曼丹岛等。

（7）南极界：包括南极大陆及附近岛屿，北界在南纬50°～60°。

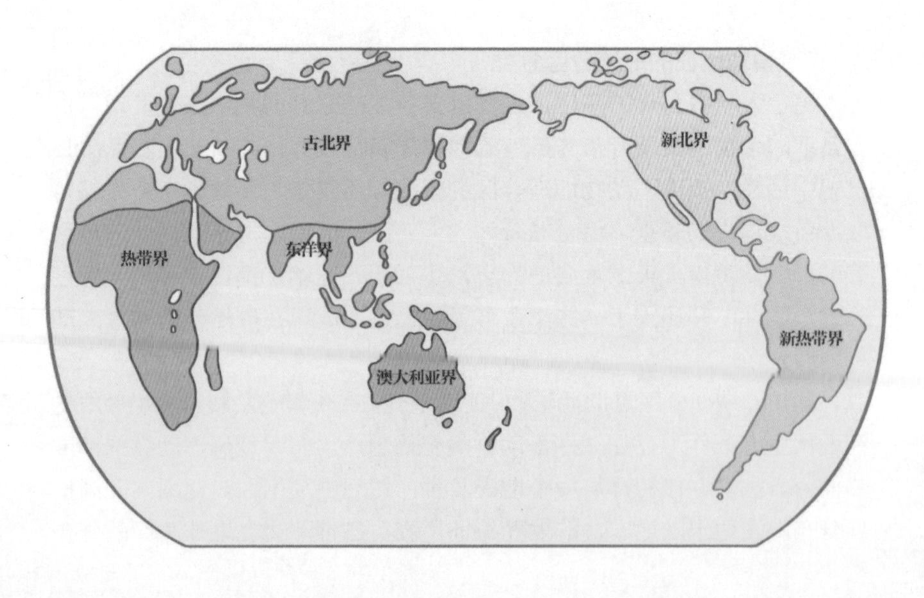

以上为世界范围内的地理分区，其实每个小的地区也可以划分为更细的地理分区，例如中国可分为东北区、蒙新区、青藏区、华北区、西南区、华中区、华南区7个区域。

3. 按栖息环境特点分类（生态类群分类）

这是观鸟人最常使用的一种分类方法，有利于了解特定生态环境的鸟种的栖息特点，通常根据鸟类的生活习性及栖息地的生态特点将鸟类分为七大生态类群，中国境内没有走禽，所以中国只有六大类群。从观鸟人日常的习惯来说，也可以简单地将鸟类按林鸟、田鸟、水鸟、城市鸟等分为四大类群。

（1）游禽：喜欢在水中游泳，嘴扁平，脚短，趾间有蹼。包括潜鸟目、雁形目、鹈形目、鸥形目、企鹅目中的部分鸟类。

秦颖 摄

（2）猛禽：双翅强而有力，嘴形如钩，脚趾尖锐，性情猛悍，专门捕食小动物。例如鹰、鹫、鹗、隼等。

赵广胜 摄

梁家睿 摄

（3）涉禽：特点很明显，喙长、颈长、腿长，合称“三长”，主要成员有鹬科、鹭科、反嘴鹬科、鸻科等。

赵广胜 摄

赵广胜 摄

（4）攀禽：这类鸟最明显的特征是它们的脚趾两个向前，两个向后，有利于攀缘树木。包括䴕形目、鹦形目、咬鹃目、佛法僧目等。

赵广胜 摄

梁家睿 摄

（5）走禽：善于行走或快速奔驰而不能飞翔的一些类群，称为走禽。主要是平胸总目（鸵鸟目）等。中国没有此生态类群的鸟类。

（6）鸣禽：鸣管和鸣肌发达，善于鸣啭。例如画眉、黄鹂、云雀、伯劳等，大多数雀形目的鸟类属于此类。

梁家睿 摄

赵广胜 摄

秦颖 摄

（7）陆禽：特点是后腿粗壮有力，喙部较短，适合在地面上或低矮的树上寻找食物。与走禽相比，陆禽有一定的飞行能力。鸽形目、鸡形目等都属于此类。

梁家睿 摄

课堂作业

参照《中国香港及华南鸟类野外手册》《中国鸟类野外手册》等工具书，并查阅网络或其他资料完成以下表格：

姓名：________小组：________所在行政区域：_____省（区市）_____市_____县（区市）

中文鸟名	拉丁名（学名）	所属目	所属科	生态分类	迁徙分类	地理分区	其他分类（　　）
红耳鹎							
乌鸫							
林鹨							
寿带							
红喉歌鸲							
大嘴乌鸦							
普通鵟							

填表说明：

1. 地理分区为该鸟种的繁殖地所在区域，请参照教材中的描述。如果该鸟种繁殖地在中国区域，请填写中国区域内更详细的区域划分。
2. 其他分类：是指填表人自己觉得合理的其他分类方法，请在括号内说明分类依据。

第五单元
如何更好地分享你的记录和收获

观鸟活动除了观察过程本身能带来快乐以外，观察后的记录与分享也非常有意义。如果一个观鸟人看完就算，不做任何记录，这对于其水平的提高非常不利，因为一个人单凭记忆很难记住这么多鸟种的信息。所以，建议观鸟人对每次观鸟的情况做一个比较严谨而有趣的记录，积累下来会形成很有意思的素材。如果一个人做了记录，就放在自己的计算机里或者笔记本里，还是未能发挥它应有的作用，如果能进行更大范围的分享会更好。本单元介绍几种观鸟记录和分享的方式。

同时，观鸟人通常会在观鸟活动前利用一些网站查询该地区的鸟种记录进行预习，以提高活动中鸟种识别的效率。

第一节

观鸟实践活动

观鸟活动通知及要求

尊敬的__________同学（家长）：

我校（或机构名称）将于______年___月___日组织观鸟活动，活动时间：___午___时至___午___时。

集合时间：___午___时；集合地点：_______________。请参与的同学（家长）务必准时到指定地点集合。

活动召集人：______老师；联系电话：____________。

活动期间，参与活动的同学（家长）需要完成以下任务：

（1）仔细观察至少5种鸟类，以及这些鸟种生活的环境，为“自然笔记”提供素材，有条件的可以用相机记录。

（2）活动时间至少2小时。

（3）请按照要求完成以下课后作业。

1．上网搜索“中国观鸟记录中心”。

2．注册一个新用户（建议为自己起一个响亮的自然名作为“昵称”）。

3．将本次观鸟的鸟种记录作为素材，在记录中心按要求新建一个观鸟记录。

4．请思考以下问题。

（1）为什么把观鸟记录放在一个公开的网站上？这对观鸟者自己而言有什么好处？

____

____

____

（2）你认为把观鸟者的观鸟记录按统一的格式集中在一起有什么作用？

____

____

____

（3）请详细了解网站的各个功能。这个网站对你今后参加观鸟活动有什么帮助？请具体列出至少2项。

①______________________________________

____

②______________________________________

____

（4）建议看看有没有其他类似功能的（或者更好的）网站并了解网站的用途和功能，例如，https://ebird.org/home。

第二节
如何分享你的观鸟记录

观鸟活动起源于自然科学，所以观鸟活动记录的原则就是准确、客观。除了规范和略显生硬的表格及术语化的描述外，观察者可以根据实际情况及自己的感悟在观鸟过程中对观察对象、所发生的故事进行艺术创作。一直以来，来源于生活实践的艺术更能感染人，我们可用自然本身的美丽感染身边更多的人，让他们和我们一样能感受到自然的魅力。如果用适当的形式将观鸟的收获分享出来，会大大增加观鸟活动的社会效益。同时，把每个观鸟人严谨的观鸟记录发到网上公用的观鸟记录数据库中共享，也可对鸟类学研究、军事应用等方面做出贡献。

一、撰写观鸟记录的注意事项

（1）观鸟人可以将观察到及听到叫声的鸟种进行记录。

（2）尽量用规范的中文正名进行记录，也可以用英文正名或拉丁名记录。

（3）原则上对于未确认的鸟种，包括没看清细节的或者未确认声音特征的疑似鸟种不予记录。

（4）对于一些在本地从未出现过的鸟种，应尽量谨慎对待，或多次进行观察，或请有经验的观鸟人进一步确认，最好能通过照片或视频验证后再确认。

（5）对于比较难辨认的鸥类、柳莺类、鹬鸻类应多实践，找到户外辨认的感觉后再确认鸟种，对于自己无法确认的种类宁愿不做记录，以保证记录的准确性和科学性。

（6）对已经确认为家养或逃逸，且没有形成野化繁殖种群的鸟种一般不予记录，例如家养的鸽子、公园里逃逸的鹩哥、湿地里放养的不迁徙的斑嘴鸭（野生的斑嘴鸭是迁徙的）等。

（7）记录者除了记录鸟种之外，应尽量完善观鸟时间、天气、准确的地点等周边因素的记录，对于记录鸟种的数量、即时习性、性别等信息也应尽量完善，这有利于让有经验的观鸟人根据这些信息进一步甄别记录的准确性。

（8）为了使记录更准确，建议记录者多查阅资料，并与同行者多交流。

二、上传观鸟数据

2001年4月，美国康奈尔大学著名的鸟类实验室的团队创立了eBird网站，至今该网站已经成为全球观鸟爱好者最喜欢使用的网站。至2020年3月21日，世界各地的观鸟人共上传了42 311 374条观鸟记录，共记录了10 506个鸟种，涵盖了全世界已经发现鸟种的96%，为鸟类学研究、鸟类与生态保护提供了海量的数据。

2002年12月，在赵烟侠、廖晓东等人的策划下，中国观鸟者自己的观鸟记录网站“中国观鸟记录中心”诞生，运营一段时间后其数据由深圳观鸟会托管。后改版为“鸟语者中国鸟类记录中心”。到2020年3月，该网站收录了来自全国各地观鸟者的超过47 000条记录。另外，昆明市朱雀鸟类研究所也使用了原“中国观鸟记录中心”的数据，新的“中国观鸟记录中心”于2014年重新改版上线。

以上三个网站几乎都有上传新记录及按记录人、时间、地点（或地区、国家）、鸟种检索原来记录的功能，有些网站还配有App，并附有丰富的图片、视频、音频资源，也都需要网站使用者注册成为会员才能使用。迄今为止，此类网站的上传及检索功能均免费。使用者可以按照指导一步步学会使用。

1. 鸟语者中国鸟类记录中心

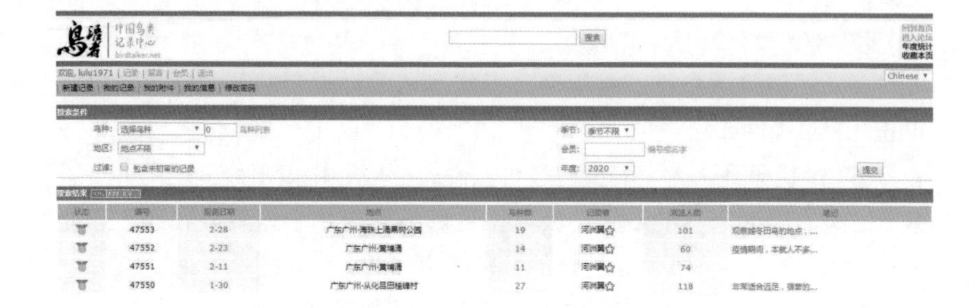

2. 中国观鸟记录中心（昆明市朱雀鸟类研究所）

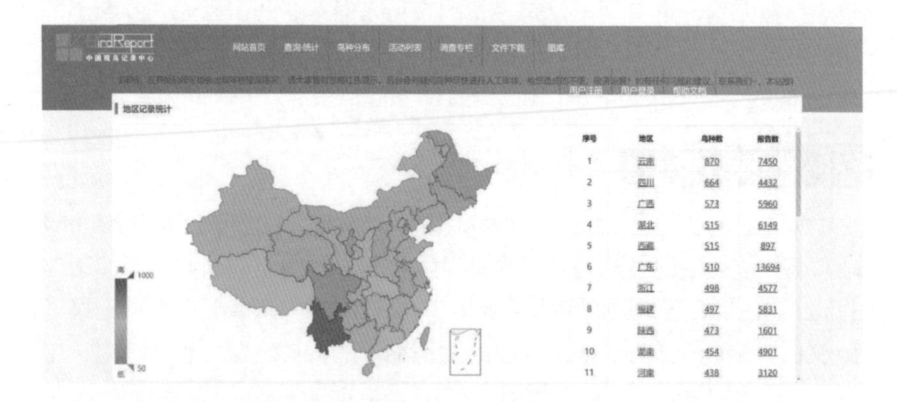

3. 美国康奈尔大学鸟类实验室的eBird网站

三、创作自己的自然笔记

自然笔记起源于早期的博物学家的观察记录，在可靠的便携式相机产生之前，所有在户外进行田野考察的人除了用文字将考察过程进行记录外，还习惯于用画画的方式更直观地将当时发生的场景、故事及观察对象真实地记录下来。文字加图片的形式可使人们更直观地感受当时所发生的事情，也更有艺术感染力，因此逐渐成为博物学描述性呈现的主要形式之一。近年来，世界各地在青少年的自然教育实施过程中，普遍运用了自然笔记作为观察活动的反馈方式，它受到了青少年的广泛喜爱。人们普遍认为，自然笔记在注重科学性的同时，对于故事性、艺术性的关注使其作品比一般的观鸟记录具有更强的社会感染力。

一般认为自然笔记需要关注时间、地点、天气、记录人、记录内容（主题）等5个方面，表现主题的方式一般采用文字与图画相结合的方式，文字的作用主要是对图画进行补充说明。自然笔记的内容可以是记录人特别感兴趣的某个观察对象，也可以是观察过程中观察对象与观察者之间发生的故事，也可以是与这次观察活动有关的其他一切。自然笔记要求构图美观，表达清晰，主题突出。

徐羽帆（9岁）创作于2021年5月

课后作业

1．我的第一篇自然笔记。

根据观察内容，撰写一篇自然笔记，要求如下：

（1）内容与主题：你所参加的户外自然观察活动中的观察对象、发生的故事等均可，主题可以是环境保育、物种、人物、人物与自然的关系、生态环境、活动过程等。

（2）形式：可以用文字、画画、图形等形式，甚至可以用一些自然材料（叶子、枝条、羽毛等）做图案等。

（3）描画物种时特征要尽量准确，避免出现科学性错误，要求自然笔记创作者在户外观察时必须细致认真。

（4）必须有作品名称、活动的时间和地点、天气等资料的记录。

（5）多参考网上优秀的自然笔记作品。

（6）材料要求：用A4纸或A4以上大小的纸张。

（7）完成时间：根据导师或课程安排的需要，可以安排在课堂上完成，一般要求45 ～ 90分钟；或者作为家庭作业，下次上课时上交。

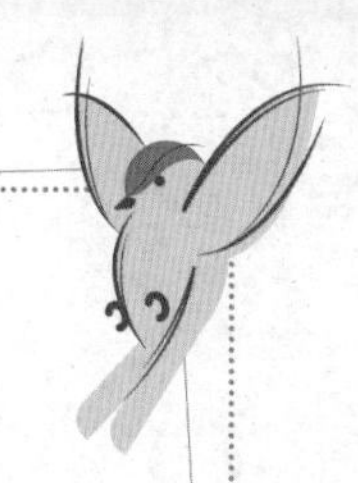

自然笔记

2. 学会使用教材中介绍的网站。

（1）至少学会使用“鸟语者中国鸟类记录中心”与“中国观鸟记录中心”中的一个，学会注册新用户，并用该用户检索最靠近你家的观鸟点的鸟种名录或者本地区的鸟种数等信息，并至少创建一篇观鸟记录。

（2）学会使用eBird网站，学会注册新用户，并用该用户检索最靠近你家的观鸟点的鸟种名录或者本地区的鸟种数等信息，并至少创建一篇观鸟记录。

第六单元
观鸟人是怎么找鸟的

刚开始参与观鸟的人，通常喜欢问一个问题："这里真的有鸟吗？"跟着有经验的观鸟人看到多种鸟类后，他们通常又会说："原来这个公园有这么多鸟！以前怎么没留意！"为什么有经验的观鸟人能迅速地找到多种鸟类？为什么有些时候他们到了某个地点还能准确地预测某种鸟的出现？这是因为这些观鸟爱好者根据自身长期积累的实践经验，总结出不同的鸟种可能会在怎样的时间、季节和环境中出现。本单元希望初学者根据自身实践的经验，总结出适合当地生态条件的找鸟方法。

第一节
观鸟实践活动

观鸟活动通知及要求

尊敬的________同学（家长）：

我校（或机构名称）将于_____年___月___日组织观鸟活动，活动时间：___午___时至___午___时。

集合时间：___午___时；集合地点：_________。请参与的同学（家长）务必准时到指定地点集合。

活动召集人：_________老师；联系电话：________________。

活动期间，参与活动的同学（家长）需要完成以下任务：

（1）熟练掌握单筒、双筒望远镜配合使用的技巧，特别在观察水鸟方面。

（2）熟练使用《中国香港及华南鸟类野外手册》或《中国鸟类野外手册》等鸟类野外辨别工具书。

（3）在至少两种生境中，每种生境观察至少5种鸟类，并进行详细记录。

（4）带着问题观鸟：怎样找鸟最有效率？怎样辨识鸟类最快、最准确？

（5）根据自身的经验，自行找鸟、观察并辨认鸟种，尽量不依赖指导老师。

第二节

观鸟人怎样才能找到鸟

找到观察目标是观鸟人乃至所有的自然观察者必须具备的基本功，经过一段时间的活动，观鸟爱好者基本都能根据自身的实践经验总结出一套适合自己并行之有效的方法。

一、找鸟需要掌握的信息

1. 去观鸟前你是否有必要根据观鸟的地点、时间、季节查阅相关资料？如果需要，你认为应该怎样查阅？查阅哪些方面的资料会在观鸟活动中对你找鸟有帮助？
答：

2. 观鸟活动开始时，一般来说你是通过哪些手段找鸟的？请尽量列举，建议按先后顺序表达，例如第一用什么手段，第二用什么手段。
答：
(1)
(2)
(3)

3. 请仔细思考：为什么“观鸟记录表”要求填写“生活环境”“生活习性”“数量”“性别”“发育阶段”等信息？这对于找鸟有什么帮助？
答：

4. 请仔细思考：为什么“观鸟记录表”要求准确填写“观察时间”“天气”等信息？这对于找鸟有什么帮助？
答：

二、户外找鸟流程总结

请根据自身实践经验总结出在户外观鸟活动中找鸟的合理流程，参考旅客入境流程图的方式进行表达。

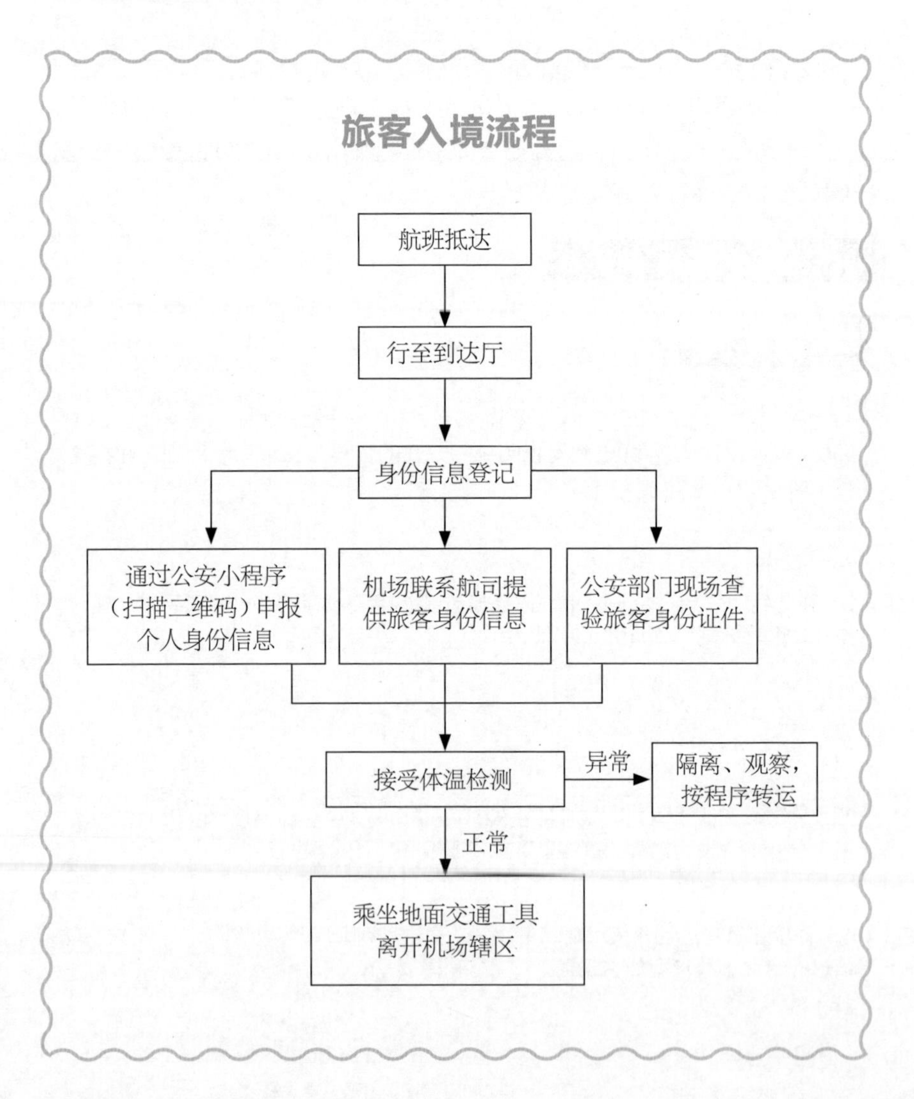

户外观鸟活动找鸟流程总结

三、观鸟人找鸟的注意事项

1. 查阅资料

有经验的观鸟人通常在观鸟活动前查阅大量的资料，确定这次观鸟活动的目标鸟种目录，以保证观鸟活动的质量与效率。

建议利用有关网络资源查询以往在同一地点（如果没有则选择附近的地点做参考）的观鸟记录。将一些难辨认、难找的鸟种或自己还没见过的鸟种列出来作为目标鸟种，再根据书上的资料或者网上的鸟种照片，总结目标鸟种与相似鸟种的区别方法，还需查阅目标鸟种的生活环境。虽然这些工作看起来有点麻烦，但实践证明这对提高观鸟活动的质量很有效。除此以外，还应利用网络上的地图资料将观鸟点的地形地貌、生态类型等了解清楚，确定观鸟路线。有时甚至要搞清楚观鸟点的方位以决定观鸟的时间。

2. 用心倾听

古语用“聪明”一词形容人智力超群，其实“聪明”说的是“耳聪目明”，可能是古人认为一个智力超群的人一定是善于用聆听及观察等手段收集周围各种信息并快速准确地分析处理信息的人。观鸟人就是通过倾听周围的鸟声和观察周围环境中是否有鸟类行走、飞行的异动等途径找鸟的。

3. 辨别鸟声

大自然中有很多声音，如何分辨出哪种声音是鸟声？观鸟人经常会被人类模仿的声音、机器的声音、松鼠的叫声、昆虫的叫声甚至灵长类动物的叫声干扰，需要在实践中总结鸟类声音的音质、音频、节奏等特点，以免误判。

眼睛扫视四周，耳朵注意听周围的声音

原来是风吹导致叶子在动

4. 辨别鸟影

大自然中也不仅仅是鸟在动，而且鸟也不总是在天空飞行的，它们可能在觅食，可能在低矮的灌丛中穿行，也可能只是静静地站在树枝上发呆，所以观察应该是全方位的。另外，大风导致树叶掉落、昆虫（特别是蝴蝶、蛾）的飞行等很可能会对观鸟人的判断产生一定的干扰，所以用眼睛找鸟也是需要长时间的实践，积累经验，才能做到快速、准确。

水边的褐翅鸦鹃（梁家睿 摄）

水边电线上的蓝翡翠（赵广胜 摄）

叉尾太阳鸟（赵广胜 摄）

灌丛中的白鹇（赵广胜 摄）

5. 在特定的地点等候

根据活动前查找并整理的资料，在目标鸟种喜爱的栖息环境蹲守或在一定的区域内来回寻找也是观鸟人常用的找鸟方法。除此以外，观鸟人还会在特定的环境等候特定类群的鸟种，例如在池塘边等蓝翡翠，在水边芦苇比较密的地方等褐翅鸦鹃和白胸苦恶鸟，在冬季开花的羊蹄甲或刺桐树下等叉尾太阳鸟，在傍晚6点左右的水边等着准时来喝水的白鹇，冬天在阴生植物茂盛的地上等虎斑地鸫与灰背鸫，在湍急的山地小溪等灰背燕尾，在开阔的山谷等猛禽林雕。如果没有特别要找的鸟种，观鸟人通常会选择有水的环境，或在开花或结果的树旁蹲守，因为这些环境大概率会吸引多种鸟类前来喝水、戏水及觅食。每一种鸟都有其特别喜爱的栖息环境，观鸟人应该善于在实践中总结经验并记录下来。

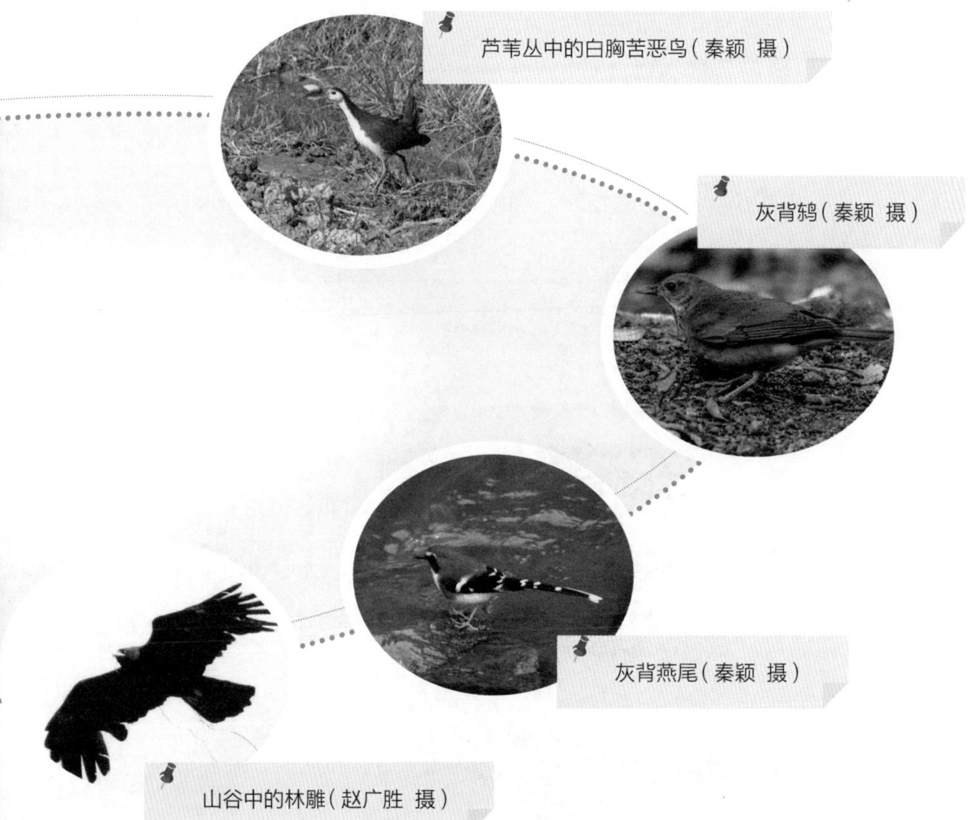

芦苇丛中的白胸苦恶鸟（秦颖 摄）

灰背鸫（秦颖 摄）

灰背燕尾（秦颖 摄）

山谷中的林雕（赵广胜 摄）

6. 有争议的事情

一直以来，为了观察到某些鸟种（特别是一些比较难观察或拍摄到的林鸟），一些观鸟人、拍鸟人（摄影师）或鸟类学研究人员会选择用食物、声音、水等手段将特定的观察对象引诱至特定区域内，不少地区还因此产生了“鸟坑”或“鸟塘”观鸟经济；还有些极端的做法，例如为了拍摄群鸟飞翔场景而用巨大声响惊吓鸟类、用大头针固定面包虫诱拍鸟类。这些做法看起来并不是直接伤害鸟类的生命，但一定程度上也会对鸟类造成影响，违反鸟的环境保育原则，观鸟人在观鸟过程中应尽可能少干扰鸟类的正常生活状态。

四、找鸟小贴士

这里，我们介绍一下使用肉眼、双筒望远镜、单筒望远镜配合找鸟，建议：

（1）先搜寻鸟类的声音（注意区别鸟叫声和昆虫叫声），并沿着声音观察、寻找。建议把双手放在耳郭后面增加收音效果，这样还能更好地定位。

（2）用肉眼发现异动的物体，确定是否为鸟类，并确定具体方位。

（3）迅速举起双筒望远镜观察该异动物体，调焦必须快速。如果鸟种飞行距离长，可以在鸟种飞行时用望远镜跟踪观察；如果鸟种飞行距离短，等鸟种停下来后，确定位置再观察。

（4）如果距离太远，导致观察不清楚，可以先确定其位置，再用单筒望远镜追踪（但难度较大）。

（1）下图为广州南沙湿地公园，正上方是北。根据图中信息，请问：如果要去图上的观鸟屋观鸟，最好是什么季节？上午还是下午？

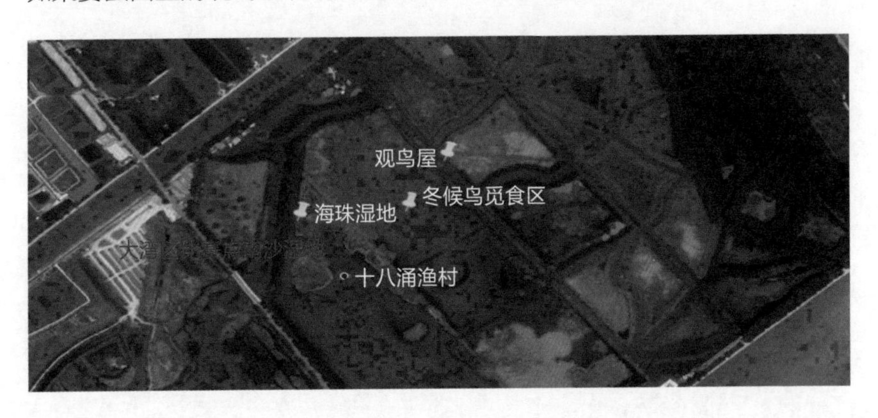

（2）下图为珠海淇澳岛某天的潮汐时间表，请问应安排一天内的什么时间段观察东面（右边为东面）滩涂的水鸟最适合？请说明原因。

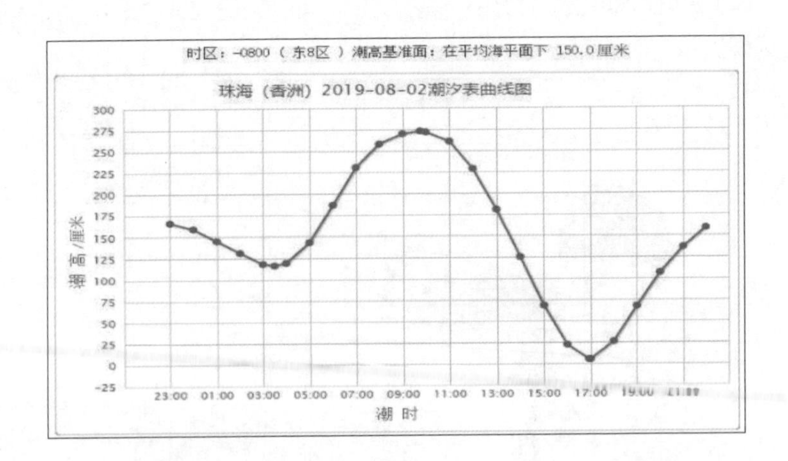

第七单元
在观察中快速辨别鸟种

与传统的科学分类法不同，作为观鸟人，在野外观鸟时不可能把每一只观察到的鸟抓在手上进行测量并解剖观察其内部结构才确定种类，这种做法不现实，也背离了推广观鸟活动的初衷。经过200多年的积累，绝大多数鸟类的野外辨种已经不需要很精确的生理数据。根据鸟类的主要外部特征、栖息地环境、海拔高度、地理分区、生活习性，甚至走路及飞行的姿态和气质就能分辨出来。本单元希望观鸟人掌握在观察中快速准确辨别常见鸟种的规律。辨别鸟种是本书八章内容中难度最大的部分，要求学生在上这节课之前熟练掌握辨认当地超过50种常见鸟种的方法。

第一节

观鸟实践活动

观鸟活动通知及要求

尊敬的_____同学（家长）：

我校（或机构名称）将于_____年_____月_____日组织观鸟活动，活动时间:_____午_____时至_____午_____时。

集合时间:_____午_____时；集合地点:__________。请参与的同学（家长）务必准时到指定地点集合。

活动召集人:__________老师；联系电话:______________。

活动期间，参与活动的同学（家长）需要完成以下任务:

（1）有条件的同学（或学校）应尽量安排在湿地、滩涂看水鸟，根据实际条件可以安排一天的活动。

（2）观察、辨认、记录30种以上的鸟类。

（3）学生应尝试在出发前根据观鸟地点的有关信息确定目标鸟种，并熟悉目标鸟种及相似鸟种的辨别要领。例如，活动可能会看到白鹡鸰，学生出发前在掌握白鹡鸰的辨别特征的同时，也应该掌握灰鹡鸰、黄鹡鸰等相似鸟种的辨别特征。如果可能会看到青脚鹬，建议学生把小青脚鹬、白腰草鹬、林鹬、泽鹬等相似鸟种的区别特征都总结一遍。老师在可能的情况下，也可在活动前组织专门的预习，特别对鹬鸻类、柳莺类的鸟种进行专门的辨认要领讲解。

（4）学生应熟练掌握用肉眼、双筒望远镜、单筒望远镜配合找鸟的技巧。

（5）需认真完成观鸟记录表。

第二节

成为辨鸟高手——学会区别相似鸟种

要成为一个观鸟高手，除了要熟悉常见鸟种的特征，掌握在野外快速识别这些鸟种的技巧之外，对于相似鸟种，特别是一些很难区分的相似鸟种，也应该逐步总结在野外快速辨认它们的技巧。

早在20世纪80年代，就有人提到观鸟人在户外辨认鸟种的两种截然不同的风格——“impressions（印象派）”与“feather-edges（细节派）”之争的问题。印象派非常不屑于细节派的吹毛求疵，每次都像抬杠似的提出问题，试图否定对方的判断；细节派对印象派的不严谨也很不屑，认为仅凭鸟种的有限特征或者一些并非一定会发生的大概率生活习性就确认鸟种的方式会产生很大的误差。两派的观点都很鲜明，谁也说服不了谁，本节希望探讨一些较为折中的方案，力图不走极端。但是，从观鸟活动本身的目的来看，观鸟毕竟与鸟类学研究不同，它更倾向于娱乐，而且需要遵守“尽量不干预自然环境”的原则。所以，作者主张根据当地的具体情况对大多数容易辨认的当地常见鸟种采取较为快速的辨认方法，对于在某些季节出现的较为难以辨认的鸟种则需要采用较为谨慎的做法，例如在华南地区的冬季滩涂出现的鹬鸻类（特别是各种滨鹬、小型的鸻）、柳莺类，或者在某些滨海地区出现的鸥类需要特别注意。

一、户外通过识别基本特征分辨鸟种大类的方法

不同种的野生鸟类在自然环境下，由于体形小、好动、观察距离远、光线不理想、保护色等原因，刚发现时通常来不及观察细节，只能看到基本特征，例如大小、主要颜色、飞行姿势、基本体形特点等，有经验的观鸟人通过这些特征就能初步判断出该个体属于哪个大类，甚至通过一个背光条件下的剪影就能基本判断出大致的鸟种范围。

课堂作业

请问以下两张照片中的鸟属于哪类鸟？范围越小越好。

有经验的观鸟人一看就能看出这两张图片里的都是涉禽，因为脚很长。再根据上图鸟缩着脖子判断其大概率是鹭科的鸟种，因为鹭科鸟种飞行时大多数是缩着脖子的；下图的鸟伸着脖子，显然不是鹭科的。如果你在深圳湾的滩涂看到下图时，根据以往的观察记录，基本可以判断该个体可能是黑脸琵鹭、白琵鹭中的一种，因为这两种大型的涉禽都有伸直脖子飞行的习惯。

课堂作业

请根据以下剪影判断出鸟种的大类。

二、学习用检索的方法总结相似鸟种的辨认方法

确定大类（科）后，用检索特征的方法来辨别种类是生物分类中最常用的方法，初中生物八年级上册就有相关的内容。它规则简单，一般为一个条件只能把一群个体分为两大类，且条件可以用“是”“非”的方式进行表达。

以华南地区常见的三个鹎科鸟种的辨别为例，可以尝试用检索的方式，按观鸟人的习惯总结快速辨认的方法：

（1）鹎的检索方法一。

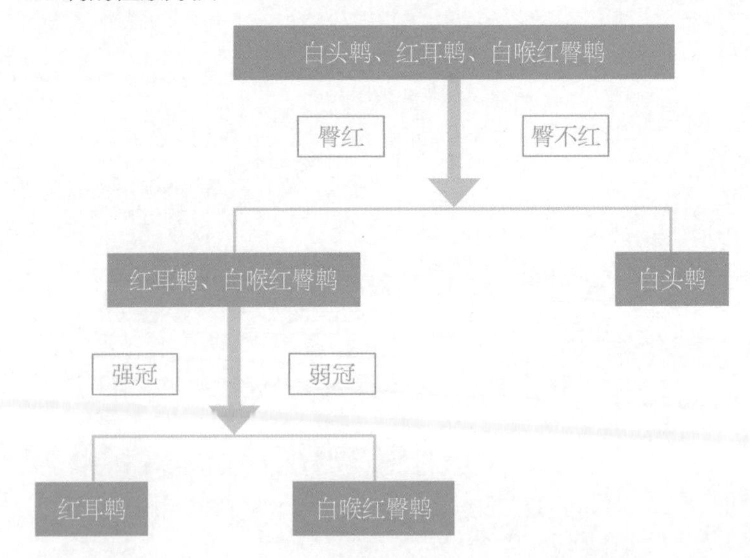

（2）鹎的检索方法二。

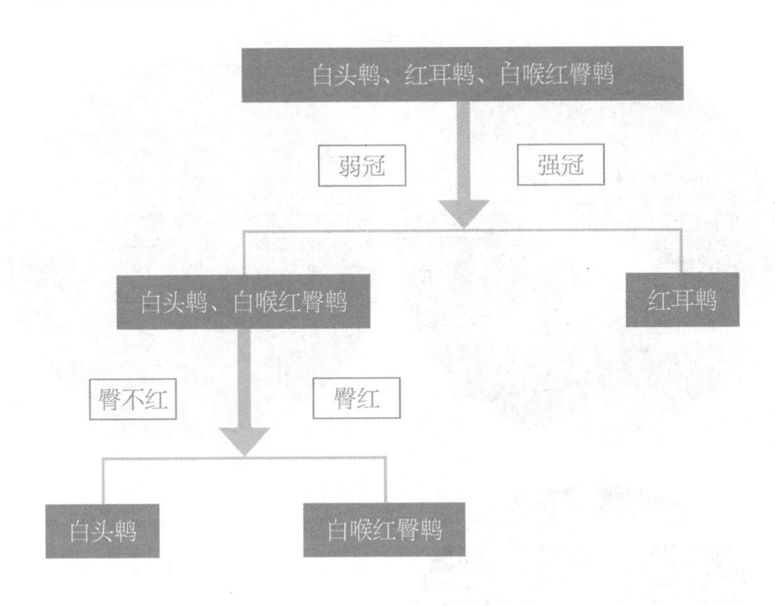

如果读者是一位有一定经验的观鸟人，就能感受到以上的检索方法绝对是实践中总结出来最简单快速的户外甄别的方法。

结合《中国鸟类野外手册》或《中国香港及华南鸟类野外手册》，尝试在课堂上完成以下任务。请用检索的方法总结在户外情况下最快辨认以下相似鸟种的方法。

第一组：白鹭、中白鹭、大白鹭、池鹭、牛背鹭、黄嘴白鹭。

鹭的检索

第二组：八哥、鹩哥、家八哥、黑领椋鸟、灰椋鸟、丝光椋鸟、灰背椋鸟。

椋鸟的检索

课后作业

请根据当地鸟种的实际情况，用检索的方法总结以下相似鸟种的辨认方法，至少完成其中5组。

组别	1	2	3	4	5	6	7	8	备注
第一组	绿头鸭	凤头潜鸭	斑背潜鸭	琵嘴鸭	青头潜鸭	罗纹鸭	绿翅鸭	鹊鸭	对比雄性
第二组	中华秋沙鸭	红胸秋沙鸭	普通秋沙鸭						雄雌的性状都要考虑
第三组	黑脸噪鹛	黑喉噪鹛	黑领噪鹛	小黑领噪鹛	画眉	白颊噪鹛			
第四组	小仙鹟	棕腹大仙鹟	海南蓝仙鹟	白腹蓝鹟	黄眉姬鹟	铜蓝鹟	北灰鹟	灰纹鹟	
第五组	赤红山椒鸟	灰喉山椒鸟	短嘴山椒鸟	灰山椒鸟	小灰山椒鸟				雄雌的性状都要考虑
第六组	白鹡鸰	灰鹡鸰	黄鹡鸰	黄头鹡鸰					
第七组	金眶鸻	环颈鸻	蒙古沙鸻	铁嘴沙鸻	长嘴剑鸻				
第八组	红嘴鸥	黑嘴鸥	细嘴鸥	棕头鸥	遗鸥	红嘴巨鸥	普通燕鸥		
第九组	黄眉柳莺	黄腰柳莺	极北柳莺	褐柳莺	长尾缝叶莺	金头缝叶莺	冕柳莺	巨嘴柳莺	
第十组	树鹨	理氏鹨	水鹨	黄腹鹨	红喉鹨	粉红胸鹨			

三、用方框图的方法总结鸟种特征

这种总结鸟种特征的方法为广州的青年博物学爱好者朱江首创，在一次113中学远赴海南尖峰岭的观鸟活动中，朱江用这种很直观的方法总结了一些不容易分辨的相似鸟种，取得了很好的效果。举例如下。

中文鸟名	鸟照	特征描述方块图	主要特征文字描述
珠颈斑鸠			1．颈部黑底白点斑纹 2．红色的脚趾 3．背部斑纹不明显
山斑鸠			1．颈部黑白相间的条纹 2．红色的脚趾 3．背部鳞纹明显

请根据你所观察过的鸟种，选择其中6种，用彩色铅笔将它们主要的辨认特征用最简单的图案（线、点、圆形、矩形等）和不同颜色准确表达。完成后不标明鸟种名称，进行展示，让其他同学、老师猜是哪种鸟。

中文鸟名	特征描述方块图	主要特征文字描述

四、如何辨认雏鸟、亚成鸟甚至是鸟卵

一般将鸟类的发育过程分为5个阶段：卵（egg）、雏鸟（nestling）、幼鸟（juvenile）、亚成鸟（subadult）、成鸟（adult）。其中前4个阶段属于未成年鸟（immature）。鸟类在不同的生长阶段有着不同的特征，但是这些数据很少出现在观鸟人常用的鸟类图谱中，图谱中通常只有成年鸟类的特征描述。观鸟实践中在某些季节（例如春夏两季）遇见未成年鸟类的概率很高，如春季（3—5月）是大多数鸟种的繁殖季，幼鸟会出来活动，特别是早成鸟（一出生就有绒毛，很快就能行走）。一般情况下，幼鸟的特征与成鸟差距很大，非常难以辨认。不过还是有机会能认出来的，幼鸟通常离不开成鸟的照顾，观鸟者通常可以等等看，看哪种鸟会在幼鸟的旁边照顾它，这样基本就可以判断幼鸟的种类了。不过凡事都有例外，据统计，全世界有80多种鸟类会把自己的卵产在其他鸟种的窝里，雏鸟也由其他鸟种照顾，其中最著名的就是大杜鹃。

有些鸟种在发育过程中还会出现第一年和第二年的羽毛有明显不同的现象，例如华南地区常见的乌灰银鸥（又称休氏银鸥）。

夜鹭成鸟（赵广胜 摄）　夜鹭亚成鸟（秦颖 摄）

乌灰银鸥成鸟（秦颖 摄）　乌灰银鸥首次度冬（秦颖 摄）

特别建议：观鸟者应与幼鸟保持一段足够远的安全距离，太过靠近幼鸟会导致其亲鸟紧张而不敢靠近照顾幼鸟，如果这种情况时间过长甚至会导致亲鸟放弃照顾幼鸟。一般情况下，我们也建议观鸟人远离鸟类的巢，特别是有卵的巢，更不要触碰鸟卵，据说有不少鸟种因为闻到其他动物的气味而弃巢，如果不属于必要的鸟类学研究，必须坚决杜绝这种影响鸟类繁育的亲近行为。

小知识

雏鸟 通常指在巢里孵出后至廓羽长成之前，仍不能飞翔的阶段，通常特征不明显，只有粉红色的一个小个体，或者带零星几根羽毛。

幼鸟 指可离巢独立生活，带有正常体羽，但未达到性成熟的鸟。

亚成鸟 亚成鸟通常表示比幼鸟更趋向成熟的阶段，但未到性成熟，有的也作幼鸟的同义词。雀形目的鸟种不适用这个概念，因为雀形目鸟类一般可在一年内达到性成熟，而其他鸟类通常需要更长的时间，例如鹭科、鸥类的鸟种需要一年以上的时间才能性成熟。

总的来说，要准确辨认未成年个体的鸟种，需要更多的观察、实践、积累和思考。

繁殖羽与非繁殖羽 绝大多数鸟种在春夏季繁殖，在进入繁殖期之前，羽毛的颜色（如牛背鹭繁殖期头部的羽毛特别黄）、喙的颜色（如黑水鸡繁殖期喙的红色特别鲜艳）、裸皮的颜色都会有明显的变化，所以鸟类学中一般把鸟类夏季的羽毛（夏羽）称为繁殖羽，按照这种逻辑将冬季的羽毛称为非繁殖羽。一些种类繁殖羽的出现更有利于鸟种辨认，例如冬天非常难辨认的各种滨鹬。

黑腹滨鹬（秦颖 摄）

黑腹滨鹬（陈熙文 摄）

在实践中，我们注意到通常鸟的夏羽比较鲜艳，冬羽则相对暗淡而接近保护色，请思考这是为什么。

不同性别之间特征的差别 有不少鸟种雄鸟与雌鸟在外部特征的表现上有很大的差别，这种现象在鸟类学上称为性别二型（又称性别异型），例如叉尾太阳鸟、白鹇等。有一定实践经验的观鸟人还会发现，通常雄性的羽毛比雌性要鲜艳很多，也就是说我们觉得雄鸟比雌鸟漂亮。一般认为这是由于雄鸟需要用更鲜艳的羽毛来吸引雌鸟进行交配，现实当中也确实是大多数鸟种的雄性在交配前的求偶行为更为积极进取。

雄叉尾太阳鸟（赵广胜 摄）

雌叉尾太阳鸟（秦颖 摄）

为什么就不能出现雌性用鲜艳的羽毛吸引雄性呢？其实在华南地区冬季经常能观察到的彩鹬就是另类，其雌性的羽毛比雄性要鲜艳很多。这种现象很早就引起了鸟类学家们的关注。根据长期的观察研究，人们发现大多数鸟类产卵后，雌性负责孵卵及哺育后代，如果雌性毛色鲜艳会使天敌更容易发现未成年鸟而产生危险，不利于种族繁衍。大多数鸟种的雄性个体在雌性孵卵和育雏时并非无事可干，而是担负起警戒的工

雄白鹇（赵原 摄）

雌白鹇（赵广胜 摄）

作，甚至在敌害来的时候用鲜艳的羽毛把危险吸引到自己身上，以保护雌鸟和自己的后代，雄性的鲜艳羽毛表现的是一种舍身为家庭的责任担当。可是，为什么彩鹬是例外呢？经过长期的观察发现，彩鹬的例外其实一点都不例外，因为雌性彩鹬产卵后，负责孵卵的是雄性，负责警戒的是雌性。

雌（右）、雄（左）彩鹬（秦颖 摄）

雄彩鹬（秦颖 摄）

第八单元
听声辨鸟

鸟类的鸣声和形态特征一样，具有物种的特性。在专业的鸟类学家的观念中，与形态特征相比，鸟声具有物种的特性，不同鸟种具有不同的鸣声。形成这种特性的原因是鸟类需要通过识别同种鸣声以避免杂交，维持种的独立性。许多实验都证明鸟类对其本种的鸣声应答最强烈。也就是说，很多外部形态很相似的鸟种，用鸟声来辨别更可靠。高手通常根据声音就可以轻松识别种类，特别是在华南地区的丛林中看林鸟时，经常是只闻其声不见其影。记得有一年夏季在甘肃的莲花山观鸟，有10种以上的柳莺在此栖息，从形态上看都很相似，声音的差别却非常明显，有经验的观鸟人通常都是通过听声音来辨别它们的。

不过，声音特征与图案特征相比，不容易记忆，因此，一些观鸟人会将一些已有的鸟种声音资料预先存储在便携的播放设备(例如智能手机、iPod、mp3等)里，以便随时比对。

第一节

观鸟实践活动

观鸟活动通知及要求

尊敬的_____同学（家长）：

我校（或机构名称）将于_____年_____月_____日组织观鸟活动，活动时间：_____午_____时至_____午_____时。

集合时间：_____午_____时；集合地点：__________。请参与的同学（家长）务必准时到指定地点集合。

活动召集人：_________老师；联系电话：_________。

活动期间，参与活动的同学（家长）需要完成以下任务：

（1）活动尽量安排看林鸟。

（2）要求学生们尽量聆听鸟的叫声，以便感受不同鸟种鸣叫音质的不同。

（3）学生尽量先听鸟叫，再根据鸟叫找到鸟，并辨认出鸟种，尽量将鸟叫与鸟种联系起来。

（4）积累在野外根据鸟的叫声大致确定鸟所在方位的经验。

（5）学会把双手放在双耳耳郭的后面增加接收音波面积，以便更好地听声定位。

第二节

如何掌握听声辨鸟的方法

一、辨认常见鸟种的声音

第一组（华南常见鸟种）：①红耳鹎；②乌鸫；③大山雀；④白头鹎；⑤白鹡鸰。

第二组（杜鹃科鸟种）：①四声杜鹃；②八声杜鹃；③噪鹃；④鹰鹃。

华南常见鸟种

杜鹃科鸟种

二、户外听声辨鸟

1. 如何区别自然界中鸟类、兽类、昆虫类、两栖类的声音

人们走入自然界中时会听到很多种不同的声音，例如：夏季的蝉鸣；与蝉一样通过摩擦腹部发出声音的还有直翅目某些种类的蝗虫；春夏季的晚上，特别是下雨天，大概率会听到蛙鸣；如果运气够好，在一些生态环境保护较好的地方，还会听到松鼠和灵长类的叫声。如何分辨出哪些是鸟叫、哪些不是鸟叫是初学者需要掌握的基本技能。

2. 鸟类发声的结构

大多数鸟类依靠位于气管与支气管交界处的鸣管和鸣肌发声。也有一些种类是没有鸣管的，如鸵鸟、鹳、鹫等。

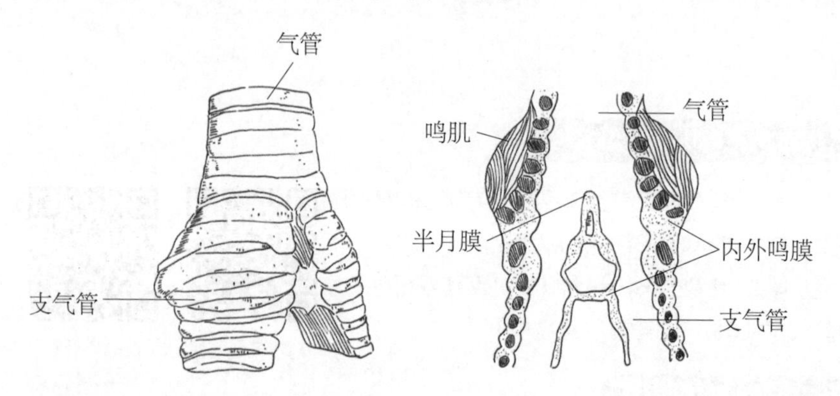

3. 鸟类声音的特点

与人类一样，鸟类也是只有通过呼吸运动中的呼气过程才能发出声音。与昆虫相比，由于发声部位完全不同，鸟类的叫声相对短促而分音节，而昆虫（例如薄翅蝉）则出现长时间连续叫的现象。相对而言，鸟类的共鸣腔较小，所以大多数叫声比较高亢（也有例外，例如褐翅鸦鹃的声音比较低沉）。

4. 鸟类鸣声分类

鸟类的鸣声包括鸣叫（call）和鸣唱（sing）两种。

鸣叫指鸟类发出的各种各样较短促、较简单的鸣声，一般来说，雌雄个体在全年内都会发出，例如飞行鸣叫、觅食鸣叫、筑巢鸣叫、集群鸣叫、报警鸣叫、悲伤鸣叫等。

鸣唱则是一般由雄鸟在繁殖期内发出的持续时间较长的、相对较复杂的鸣声，主要功能为宣告领域、吸引配偶及标示个体的特征。据研究，有一些种类的雌鸟也有鸣唱的功能。已有研究证明许多鸟种的雌性都愿意与鸣唱曲目多的雄鸟交配。另外，鸟类通过声音的变化进行表达，它充当了通信信号的功能，因此具有相当于语言的功能，是一种特殊的“语言”。不同的鸟种鸣唱的复杂程度不同。例如鹊鸲、乌鸫的鸣唱非常多样，据研究，鹊鸲的鸣唱至少有20种。

5. 鸟类叫声活跃的时间

一年四季中，春夏两季鸟的叫声比较嘹亮，声音的辨识度也比较高，这种现象与鸟类进入繁殖期有关。

一天当中，早上太阳刚出来和傍晚太阳快下山这两段时间鸟类的叫声最活跃。大多数鸟类是在白天光线充足的条件下才能觅食的，夜鹭、夜鹰类、鸮类（猫头鹰）等鸟种除外。由于鸟类特殊的运动方式（飞行）导致消化系统特别强大，需要食物的量也很大，经过漫长的夜晚，大多数鸟种会感觉非常饿，需要尽快捕食，因此早上鸟类会特别活跃，叫声也比较嘹亮。傍晚，鸟类因为需要趁天还没完全黑下来尽快找到合适的栖息之地集群过夜，所以也比较活跃。这也是观鸟活动或与鸟类有关的科研调查一般选择在早上或傍晚进行的原因。

6. 鸟类的“方言”

生活在不同地区的同种鸟类叫声一样吗？会和人类一样产生不同的“方言”吗？答案是：“会！”

不同地区的棕颈钩嘴鹛叫声有很大不同，广州从化地区的通常为三音节，云南楚雄紫溪山的通常为两音节。

为什么会出现“方言”？据了解，并不是所有鸟种都会出现“方言”，鸟类中的一部分，如雀形目、鹦鹉、蜂鸟等鸟种的鸣唱能力并不是先天的，需要出生以后学习。幼鸟在学习过程中，每个个体会出现一定的选择倾向，导致分布在不同区域的种群像人类一样出现“方言”。

7. 不同鸟种之间声音的模仿——效鸣

生活在同一区域的不同鸟种之间，有时会出现相互之间模仿鸣叫方式的行为，特别是模仿节奏，鸟类学上称为“效鸣”。例如乌鸫、鹊鸲等鸟种效鸣能力非常强。有研究表明，20%的鸣禽有效鸣的现象。有时鸟类的效鸣行为会对观鸟者辨别鸟种造成一定的干扰。不过，不同鸟种之间模仿节奏容易，音质却很难改变，有经验的观鸟人积累了一定的经验后，还是不容易受骗的。

8. 根据鸟声特点判断鸟的位置

鸟类在长期进化过程中，其声信号适应在其栖息环境中达到最有效的传播，也就是使声音在传播过程中的衰减损失达到最小。例如一些在厚密植被生境中生活的种类趋于发出低频、频带较窄的鸣声，而在植被较稀疏环境中生活的种类则趋于发出频率较高、频带较宽的鸣声。因此，当我们听到褐翅鸦鹃、珠颈斑鸠低沉的“咕咕”声时，就可以初步判断它们在茂密灌丛中的可能性比较大；当我们听到八哥、黑领椋鸟、棕背伯劳等鸟种高亢的声音时，就可以初步判断它们在树冠层站立的可能性更大。

鸟鸣特征除与生境有关外，还与鸟的体形大小、喙的大小、不同的行为学意义等密切相关。一些鸟种在背景噪声下会增加鸣声的频率和响度，以达到有效的通信。

三、鸟的声音与人类的关系

人类除了对鸟类鲜艳的羽毛感兴趣外，也对鸟类悦耳婉转的鸣叫有着特别的兴趣。有证据表明，人类复杂的语言体系的发展过程中，曾经有一个非常重要的阶段就是学习鸟类鸣叫。经历这个阶段之后，人类的声音变得与其他哺乳类，特别是亲缘关系相近的类人猿的声音有很大的区别。也就是说，鸟类（特别是雀形目的鸟类）的声音在人类语言的发展过程中提供了很重要的学习素材。

例如，大家熟知的挪威作曲家约翰·埃曼努埃尔·约纳森创作的著名曲目《杜鹃圆舞曲》就是模拟大杜鹃的叫声作为全曲开头的，贝多芬著名的《田园交响曲》中也有模仿鸟叫的部分。另外，我们通常用画眉、夜莺、云雀来形容一副美妙的人嗓，很多乐器如各种笛子等都是模仿鸟鸣。有史以来最伟大的音乐家莫扎特，曾经买下一对八哥，以便将它们美妙的叫声用音符记录下来。

课后作业

熟悉以下常见鸟种的声音。

附录

户外自然观察活动注意事项（通用）

观鸟活动是一项贴近大自然、令人身心愉快的活动。要使这项活动更加完美，必须注意以下事项。

一、守时原则

不同鸟种活动的时间有一定的规律性，例如：大多数鸟类在早上比较活跃，雉鸡类活跃的时间是早晨、傍晚；栖息在海边滩涂的水禽，它们的活动时间随着潮汐的变化而变化。所以，参加观鸟活动需要有比较强的时间观念，观鸟活动一般要求非常准时。

思考

为什么大多数鸟类在早上这个时间段比较活跃？

二、安全原则

（1）活动前，需统一（或自行）购买有关的户外活动保险。

（2）活动期间必须听从指导老师的指挥。

（3）活动期间禁止一切形式的追逐打闹，以及违反安全规定的行为。例如，在汽车上必须佩戴安全带，不得跨越有禁行标志的栏杆，不能随意离开指定路线，不能随意离开指导老师或工作人员的视线范围，等等。

不得随意离开指定路线，以免发生意外

（4）严格按照规定准备各类装备（防冻、防晒、防蚊虫）及药品，并在活动中按规定使用，避免不必要的情况发生。

（5）应携带适当的通信工具，以方便联系。

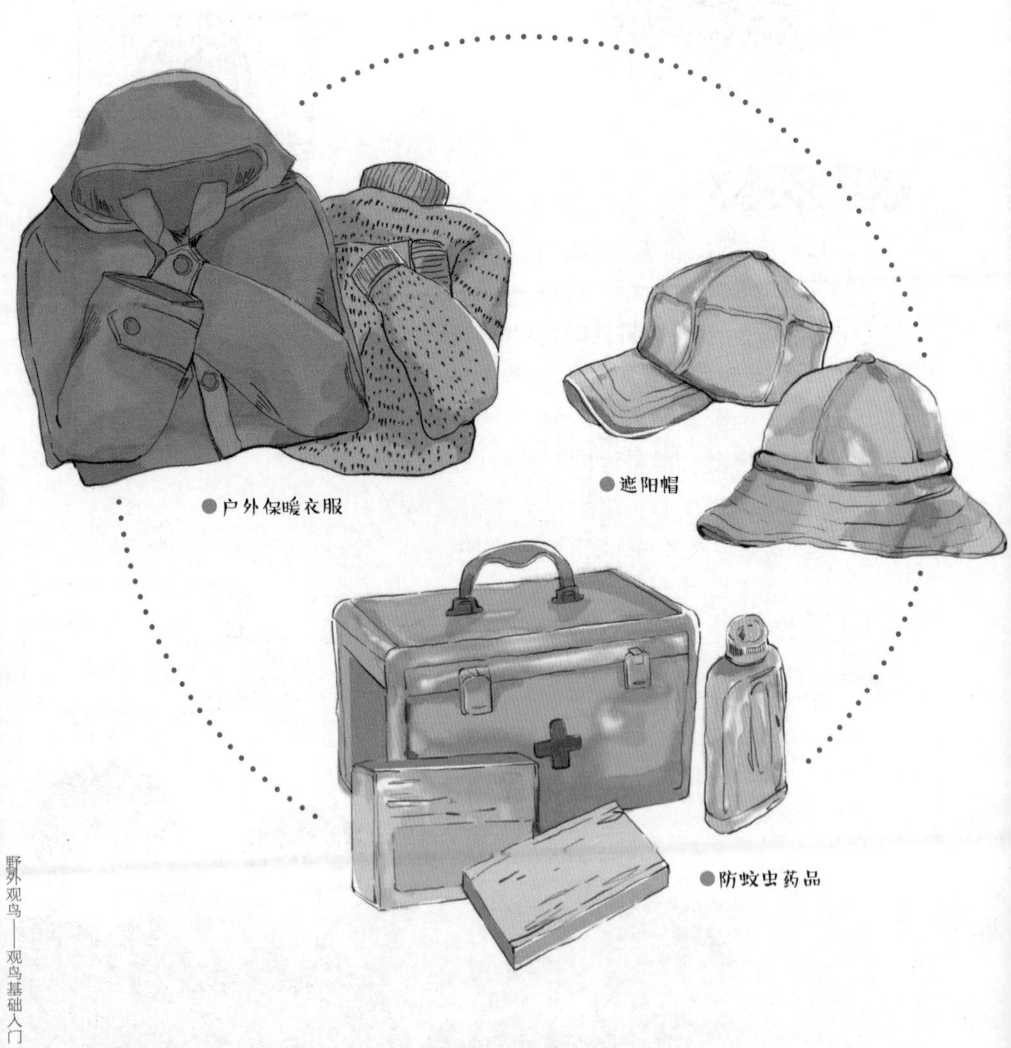

（6）建议不要做任何与观鸟活动无关的事情（特别是打电子游戏），以保持专注力。

（7）全体人员应自觉遵守保护区的各项规章制度。

三、科学原则

观鸟活动是一项科学活动，在科学考察的范畴称为“田野考察”。观鸟者在活动中应按照一定的科学原则进行野外观察、记录活动。要求如下：

（1）请鸟友们出发前对该地区可能出现的鸟种进行预习，熟悉这些鸟种的形态特征、声音、生境情况等信息。

（2）活动中应按要求对所观察到的鸟种进行真实的记录。

那是黄腰柳莺吗？
不太像吧，
看不清楚哦！
不确定的不能记入观鸟记录中

四、环境保育原则

（1）活动中不伤害、惊扰动物，也不能大声喧哗。

（2）活动中尽量不伤害各种植物、大型真菌等。

（3）除非有特别的用途，否则，活动中不建议收集枯叶枯枝、种子等，尽量保持大自然的原貌。

（4）活动中不能随意丢弃垃圾，最好能准备垃圾袋自行收集活动中产生的垃圾，并能够在活动后妥善处理。同时，尽量少用一次性物品，以减少垃圾的产生。

五、礼貌原则

（1）在小组中，某人看到某种动物后有义务指导其他组员都能观察到该物种，并有责任尽快告诉其他组相关信息。

（2）在上车、领取物品、使用单筒望远镜时应按规定排队进行，并相互谦让，原则是“新鸟”（新人）优先、女生优先、年幼者优先、残疾人优先、60岁以上老人优先。